"十二五"农村领域国家科技计划课题 "严寒地区绿色村镇体系及其关键技术"（2013BAJ12B01）

严寒地区村镇绿色建筑图集

COLLECTIVE DRAWINGS OF GREEN BUILDINGS FOR VILLAGES AND TOWNS IN THE COLD REGION

程 文　赵天宇　马晨光　编著

哈尔滨工业大学出版社
HARBIN INSTITUTE OF TECHNOLOGY PRESS

内 容 提 要

本图集作为"十二五"农村领域国家科技计划课题"严寒地区绿色村镇体系及其关键技术"（2013BAJ12B01）的成果之一，主要是绿色村镇规划和绿色建筑设计的工具性图集。其主要内容包括：村镇绿色建筑的内涵与发展等基本内容、严寒地区村镇绿色建筑设计研究和严寒地区村镇绿色建筑范例。在对东北地区村镇建筑的大量实态调查及现状分析和评价的基础上，从绿色建筑的设计任务、原则与内容，指导思想，构造选择等方面对严寒地区村镇建筑绿色化提出了具体路径，并为严寒地区村镇的居住建筑和公共建筑设计提供了范例。范例设计遵循节能、节地、节水、节材的原则，力求在住宅设计中体现地方特色，与周边环境相协调，适合农村及镇区的特点，尊重村民及镇区居民的生产方式和生活习惯，以供其建设住宅时因地制宜参考选用。

本书的主要撰写人员如下：

程 文、赵天宇、马晨光、姜 雪、那慕晗、王 潇、李姝媛、朱琦静、林芳菲、李 昂、夏 雷

图书在版编目（CIP）数据

严寒地区村镇绿色建筑图集 / 程文，赵天宇，马晨光编著.
--哈尔滨：哈尔滨工业大学出版社，2015.11
ISBN 978-7-5603-5715-7

Ⅰ.①严… Ⅱ.①程…②赵…③马… Ⅲ.①寒冷地区-乡镇-农业建筑-图集 Ⅳ.①TU26-64

中国版本图书馆CIP数据核字（2015）第274588号

责任编辑　　王桂芝　　张 荣
出版发行　　哈尔滨工业大学出版社
社　　址　　哈尔滨市南岗区复华四道街10号　　邮编150006
传　　真　　0451-86414749
网　　址　　http://hitpress.hit.edu.cn
印　　刷　　哈尔滨市石桥印务有限公司
开　　本　　889mm×1194mm　1/12　印张 10　字数 280千字
版　　次　　2015年11月第1版　　2015年11月第1次印刷
书　　号　　ISBN 978-7-5603-5715-7
定　　价　　128.00元

（如因印装质量问题影响阅读，我社负责调换）

我国的城镇化率超过50%后，环境与社会问题凸显，城乡发展进入关键的转型时期，和谐城市、生态城市、低碳城市、海绵城市等已成为未来新型城镇化发展的方向标。与此同时，乡村（村镇）作为城镇化的另外一极，同样面临着深刻的变革和发展的抉择。东北大部分的农业地区既承载着国家粮食生产和生态保障功能，又因其传统农业固有的粗放型生产与生活方式，乡村已经在城镇化发展中渐行渐衰，尤其是作为农村人居环境质量集中体现的村镇及其建筑环境，由于基础设施建设滞后、房屋建设水平和质量低下，不仅生活居住条件难以保障，而且已经影响到更大区域的生态与生产环境。绿色的发展观与实用技术，已成为农村地区建筑及其环境建设的迫切需求与必然途径。

东北地区特殊的地理区位、严寒的气候条件和资源禀赋造就了城乡空间结构和形态的特殊性，同时，严寒气候下的农业生产和生活方式也都对村镇人居环境与建筑提出了特殊的要求，绿色建筑的理念、技术及设计方法是农村地区建筑发展必要且必需的途径。本图集基于"十二五"农村领域国家科技计划课题"严寒地区绿色村镇体系及其关键技术"（2013BAJ12B01）的研究，结合对东北地区村镇建筑的大量实态调查，在对东北村镇建筑现状分析和评价的基础上，从绿色建筑的设计任务、原则与内容，指导思想，构造选择等方面对严寒地区村镇建筑绿色化做出研究，并为严寒地区村镇的居住建筑和公共建筑设计提供了范例。设计范例遵循节能、节地、节水、节材的原则，力求在建筑设计中体现地方特色，与周边环境相协调，适合农村及镇区的特点，尊重村民及镇区居民的生产方式和生活习惯，以供其建设住宅时因地制宜参考选用。

希望本书能为广大严寒地区的村镇建筑设计与建造提供有益指导，并为相关设计单位提供借鉴，共同为中国村镇建筑的设计、发展与建设作出贡献。

哈尔滨工业大学建筑学院教授、博士生导师

2015年8月于哈尔滨

目 录
CONTENTS

第1章 绪论

INTRODUCTION

1.1 研究背景

严寒地区村镇承载着国家生态功能的重要职能，村镇建筑的建设亟需突出以绿色为导向的节地、节能、节水、节材的技术方法与实施路径，以匹配区域生态的核心职能。目前，严寒地区村镇一方面存在高耗能、低效率等突出问题，另一方面大量的生物质资源被闲置，部分地区秸秆焚烧造成严重的环境污染。在村镇建筑设计中整体设计水平偏低且缺乏绿色化、生态化的设计研究，对地方和民族文化及特色风貌的考量较为薄弱，居民对生活环境和建筑的满意度较低。严寒地区村镇是我国城乡绿色化发展的薄弱环节，如何有效发展绿色建筑、合理利用当地能源与资源、集约利用土地、改善居室热环境、突出地方文化特色已经成为严寒地区村镇绿色化建设的重要内容。

国家"十二五"规划纲要中提出"促进区域协调发展和城镇化健康发展、绿色发展，加强建设资源节约型、环境友好型社会"，并对村镇绿色化建设进一步进行全面诠释。在住建部发布的《"十二五"绿色建筑和绿色生态城区发展规划》中，明确提出"十二五"末期建设一批绿色生态城区、绿色农房，引导农村建筑按绿色建筑的原则进行设计和建造，村镇绿色建筑的发展已逐步受到国家的重视。同时，严寒地区村镇建筑绿色化发展是一个长期过程，需要社会各方面的支持和共同参与，包括相关管理机构的政策设计与实践指导、研究机构的理论创新与技术支持等。

为推进国家"十二五"绿色建筑和绿色生态城区发展规划，培育和提高地方开展评价标识的能力建设，大力推进地方绿色建筑评价标识，哈尔滨工业大学建筑学院根据"十二五"农村领域国家科技计划课题"严寒地区绿色村镇体系及其关键技术"（2013BAJ12B01）的任务要求，负责编制严寒地区村镇绿色建筑图集，以期为村镇建筑绿色化发展提供参考依据。

1.2 研究基础

1.2.1 绿色建筑内涵与发展

1. 绿色建筑的内涵

国内外对绿色建筑的研究有不同的侧重和相应的称呼，如美国和加拿大称之为"绿色建筑"，日本则称为"环境共生建筑"，欧洲国家多称之为"可持续建筑"或"节能建筑"，我国一般称为"绿

色建筑"或"生态建筑"，而台湾地区称其为"永续建筑"或"绿建筑"（表1-1）。国内外对于绿色建筑概念的研究也涉及诸多方面，有的学者从人与自然关系的角度，提出绿色建筑是以人、建筑、自然环境的协调发展为目标，在利用天然条件和人工手段创造良好、健康居住环境的同时，尽可能地控制和减少人类对自然资源的使用和破坏，充分体现向大自然的索取与回报之间的平衡。有的学者则从资源利用的角度提出绿色建筑是指为人们提供健康、舒适、安全的居住、工作和活动的空间，同时在建筑全生命周期（包括物料生产、建筑规划、设计、施工、运营维护及拆除、回收利用过程）中实现高效率地利用资源（能源、土地、水资源、材料）、最低限度地影响环境的建筑物。英国建筑服务和信息协会（Building Services Research and Information Association）将绿色建筑定义为："可信的和有创造性的健康建筑环境管理，应基于充足的资源和生态原则。"其中所指的原则包括不可再生资源消耗最小化、增加天然环境因素、杜绝或者最少量地使用各种毒素。台湾建筑学会对"绿建筑"的定义是："在建筑生命周期（生产、规划、施工、使用管理及拆除过程）中，以最节约能源、最有效利用资源、最低环境负荷的方式与手段，建造最安全、健康、效率及舒适的居住空间，达到人与建筑及环境共生共荣、永续发展的目标。"

所谓绿色建筑，应具有节能、环保特点，以可持续发展为原则，以生态学的科学原理为指导，在充分利用环境自然资源和不影响基本生态环境的前提下创造出人工与自然的相互协调、良性循环、有机统

表1-1 绿色建筑、可持续建筑、生态建筑和节能建筑的比较

称谓类别	不同点	共同点
绿色建筑	核心是"四节一环保"，即节能、节地、节水、节材和保护环境。基于建筑全寿命周期内健康、舒适、安全的居住、工作和活动的空间	实现建筑与环境和谐共生，实现建筑可持续发展，绿色建筑、生态建筑和可持续建筑都应该是节能建筑
可持续建筑	以可持续发展观规划建造，降低环境负荷，与环境相融合，有利于居住者健康的建筑	
生态建筑	尽可能利用当地的环境和自然条件，不破坏现有的环境，确保生态体系健全运行的建筑。把建筑物当作一个独立的生态系统，使得物质、能源等在建筑系统中有秩序地循环转换，从而保证建筑环境高效、低废、无污染	
节能建筑	达到或超过节能设计标准要求的建筑，着重满足建筑物能耗指标的要求，更加明确界定了建筑物的设计方法和标准，部分或全部利用可再生能源	

一的建筑空间环境，是现代建筑为满足人类生存与发展要求的必然产物，也是满足人类生存和发展要求的现代化理想建筑。它不仅可以满足人们的生理和心理需求，而且能源和资源的消耗最为经济合理，对环境的影响最小。从本质上讲，绿色建筑是一种建筑设计思维方式的实施，意味着必须调整现在具有破坏性的生活方式，使之能与脆弱的生存环境保持一种平衡。绿色建筑首先关注的是如何利用能源及各种其他资源的观念问题；其次是关于建筑本身，绿色建筑的思想是赋予建筑生命；第三是关于人与环境的舒适标准。

村镇绿色建筑的特点是结合严寒地区村镇的发展特征与经济水平，采用较低技术含量的适宜技术，侧重对传统技术的改进来达到保护原有生态环境、提升村镇居民生活环境质量的目标。

绿色建筑是通过科学的整体设计，集成绿色配置、自然通风、自然采光、低能耗围护结构、新能源利用、中水回用、绿色建材和智能控制等高新技术，具有选址规划合理、资源利用高效、循环节能措施综合有效、建筑环境健康舒适、废物排放减量无害、建筑功能灵活适宜六大特征。绿色建筑不再局限于超越生物圈的时空限制，孤立地考虑自身系统随心所欲地发展，它与传统建筑有着本质上的区别，具体表现在以下5方面：

① 绿色建筑建立在发展与环境相互协调的基础上，以生态系统的良性循环为基本原则，综合考虑了决策、设计、施工、使用、管理的全过程，在一定的区域范围内结合环境、资源、经济和社会发展状况建立营建系统。

② 绿色建筑要求内部与外部采取有效的连通方式，能够对气候变化自动进行自适应调节，避免了一般建筑体系在结构上趋向于封闭，从而导致室内环境往往不利于健康的情况。

③ 绿色建筑作为一种节约型建筑，最大限度地减少不可再生能源、土地、水和材料的消耗，在广泛的领域获得最大利益。

④ 绿色建筑根据历史文化的传统，汲取先人与大自然和谐共处的智慧，使得建筑随着气候、资源和地区文化的差异而呈现不同的风貌特色。

⑤ 绿色建筑的建筑形式主要从与大自然和谐相处中获得灵感，随着绿色建筑的发展，建筑学中有了新的美学思想，体现在以最小的资源获得最大限度的丰富性和多样性，使得生态美的展示充满生命力和创造性。

2. 国内外绿色建筑发展历程与评析

随着绿色浪潮的到来，国内外学者对绿色建筑的研究都很多，对绿色建筑的认识逐步加深，并通过会议、立法等形式，在绿色建筑的标准与评价、导则与认证等方面取得了长足的进步（图1-1）。

（1）国外绿色建筑发展历程与评析

20世纪60年代，美籍意大利建筑师保罗·索勒瑞把生态学（Ecology）和建筑学（Architecture）两词合并为"Arology"，首次提出了"生态建筑"的概念；20世纪70年代，石油危机的爆发使人们意识到以牺牲资源环境为代价的高速发展难以做到可持续的发展，建筑行业需要寻求新的发展方向，以减少对自然资源的过度消耗；20世纪90年代，巴西里约热内卢"联合国环境与发展大会"的召开，使可持续发展思想得到推广，绿色建筑逐渐成为发展方向；1990年，世界首个绿色建筑标准BREEAM在英国发布；1995年，美国绿色建筑协会颁布了绿色建筑标准LEED，对世界绿色建筑的发展产生了深远影响；21世纪以来，西方发达国家相继建立绿色建筑的评价体系，各地进行了多项绿色建筑的实践项目，在传播了绿色建筑理念的同时加深了绿色建筑的存在感。

近十年来，各国积极构建适应各地国情及气候特征的绿色建筑体系以适应发展需求，在不断扩大绿色建筑政策层面影响的同时，对绿色建筑的发展制定多角度的鼓励措施来推进绿色建筑的建设，部分国家通过制定促进可持续发展的专门立法来推进绿色建筑的实践。如美国弗吉尼亚州阿灵顿县出台政策，申请LEED认证通过的项目可享有社区开发的奖励容积率，弗罗里达州对建筑中使用的太阳能体系免除一定的销售和使用税等；东南亚地区中，东盟成员国家通过东盟能源奖来推广绿色节能建筑；欧盟及其成员国也积极通过有关立法推动建筑的可持续发展，如英国对积极利用绿色技术的建设项目给予审批上的优先权和一定的经济补助，包括减免土地增值税和发放低息贷款等。随着绿色建筑理念逐步发展，绿色建筑项目数目激增，逐步走向大众化，国家从政府和企业两个层面进行绿色建筑及节能政策的宣传与引导。

（2）国内绿色建筑发展历程与评析

自1992年"联合国环境与发展大会"以来，我国政府开始大力推进绿色建筑发展，颁布了若干相关纲要、导则与法规；2004年9月，

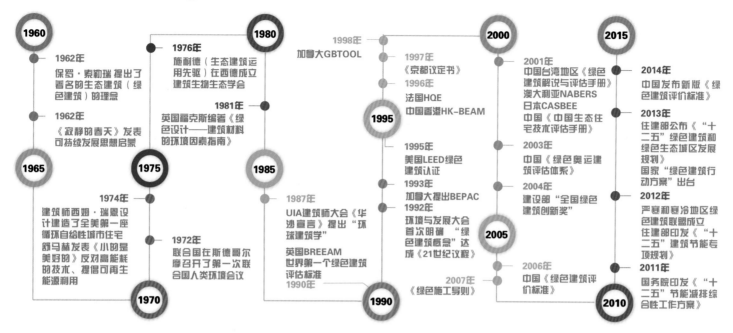

1960

1962年
保罗·索勒瑞提出了著名的生态建筑（绿色建筑）的理念

1962年
《寂静的春天》发表可持续发展思想启蒙

1965

1974年
建筑师西姆·瑞恩设计建造了全美第一座循环自给性城市住宅 舒马赫发表《小的是美好的》反对高能耗的技术、提倡可再生能源利用

1975

1976年
施耐德（生态建筑运用先驱）在西德成立建筑生物生态学会

1981年
英国福克斯编著《绿色设计——建筑材料的环境因素指南》

1972年
联合国在斯德哥尔摩召开了第一次联合国人类环境会议

1970

1980

1985

1987年
UIA建筑师大会《华沙宣言》提出"环球建筑学"

英国BREEAM
世界第一个绿色建筑评估标准
1990年

1990

1998年
加拿大GBTOOL

1997年
《京都议定书》
1996年
法国HQE
中国香港HK-BEAM

1995

1995年
美国LEED绿色建筑认证

1993年
加拿大提出BEPAC
1992年
环境与发展大会首次明确"绿色建筑概念"达成《21世纪议程》

2007年
《绿色施工导则》

2000

2001年
中国台湾地区《绿色建筑解说与评估手册》
澳大利亚NABERS
日本CASBEE
中国《中国生态住宅技术评估手册》

2003年
中国《绿色奥运建筑评估体系》

2004年
建设部"全国绿色建筑创新奖"

2005

2006年
中国《绿色建筑评价标准》

2010

2015

2014年
中国发布新版《绿色建筑评价标准》

2013年
住建部公布《"十二五"绿色建筑和绿色生态城区发展规划》
国家"绿色建筑行动方案"出台

2012年
严寒和寒冷地区绿色建筑联盟成立
住建部印发《"十二五"建筑节能专项规划》

2011年
国务院印发《"十二五"节能减排综合性工作方案》

图1-1 国内外绿色建筑发展历程

建设部"全国绿色建筑创新奖"的启动标志着我国绿色建筑的发展进入了全面发展阶段；2008年，绿色建筑评价标识管理办公室正式设立，并于2009年正式设立中国城市科学研究会绿色建筑研究中心作为绿色建筑专门评价机构。在专业标准制定方面，我国绿色建筑相关政策法规和标准体系在不断完善。绿色工业建筑评价导则、绿色办公建筑评价标准、绿色超高层建筑评价技术细则等标准相继编制完成，地方标准大多能依据当地气候、地理、环境及生态特征，结合经济技术条件，体现绿色建筑的"因地制宜"特点。2010年至今，住房与城乡建设部发布了多项绿色建筑相关的评价标准，为我国绿色建筑的纵深化发展和专业化评价创造了条件；2013年，《绿色建筑行动方案》的提出标志着绿色建筑行动正式上升为国家战略；2014年，新版《绿色建筑评价标准》发布，绿色建筑的评价及指导体系日趋成熟并富有实效性。

在住房和城乡建设部的指导下，目前全国已有超过30个省、自治区、直辖市、副省级城市开展了当地的绿色建筑标识工作，绿色建筑的示范工程取得了积极成效。但是，目前我国绿色建筑发展仍存在一些不足，如绿色建筑发展存在地域不均衡，绿色建筑存在重设计而不重运行，部分绿色建筑直接套用国外的技术，造成成本高、适用性低，且绿色建筑运行效果监管力度不足等。

1.2.2 村镇建筑概念与特征

村镇包括村庄和集镇两个相对独立并具有不同功能的实体，是由各种居住、生产、公共服务、文教卫生、交通运输、行政办公等建筑设施构成的复杂综合环境。村镇建筑是农民为了生产、生活和进行社会活动的需求，利用所掌控的物质技术条件，运用科学规律和美学法则而创造的社会生活环境，既表示村镇建造房屋和从事其他土木工程的活动，又表示这种活动的成果。

1.2.3 村镇建筑类型与功能

我国村镇建筑一般按照其使用性质和特点来划分，通常可分为非生产性建筑和生产性建筑两类。本图集主要对接《严寒地区村镇绿色建筑评价标准》，为严寒地区村镇绿色建筑评价标识工作的开展与推广提供支持，因此主要涉及非生产性建筑，包括居住建筑和公共建筑两类，一般统称民用建筑。

1. 居住建筑

居住建筑是村镇中以家庭为单位，集居住、生活和部分生产活动于一体，并能适应可持续发展需要的实用性住宅。快速城镇化时期，人口集中与经济发展驱使村镇住宅建筑面积以前所未有的增速膨胀，2007~2013年期间，每年新增村镇住宅面积超过11亿平方米。2013年，全国村镇住宅建设总投资8 934亿元（图1-2），占房屋投资的71.10%，占村镇总投资的55.02%。居住建筑在村镇非生产性建筑中占绝大比重，随着农民生活水平的提高和人们居住意识及生活方式的转变，其在村镇建筑中的地位也逐步提升，因此对居住建筑的设计应给予足够的重视。

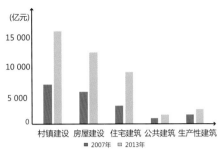

图1-2 全国村镇建设投资

（1）村镇居住建筑的类型

① 按建筑层数分：单层平房住宅、低层住宅、多层住宅，严寒地区村镇低层住宅多为2~3层，多层住宅以4~5层为主，有少量6层；

② 按庭院形式分：庭院分为前院式、后院式、前后院式、前侧院式（图1-3），其中前后院式最为普遍，后院式的数量最少。

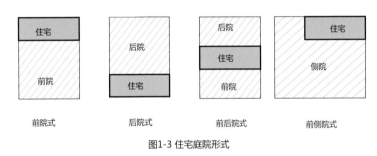

图1-3 住宅庭院形式

③ 按平面组合方式分：单层平房住宅分为独立式、并联式，低层住宅分为并联式、联排式，多层住宅以梯间式为主（图1-4）。

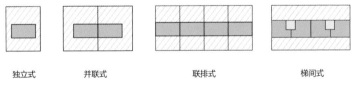

图1-4 住宅平面组合形式

（2）村镇居住建筑的特点

① 地方性强：严寒地区的自然条件、风俗习惯、建筑材料、建造方式等因素为居住建筑的建设提出了特殊要求；

② 综合性强：村镇居住建筑多是几代人一起生活，需满足村镇居民生产、生活两方面的需求，兼有其他功能，因此需要综合考虑；

③ 节约性强：严寒地区村镇经济条件相对较差，需要考虑村镇居住建筑的建设可操作性和经济适用性。

2. 公共建筑

村镇公共建筑是为满足农民的工作、学习等物质文化生活及集体福利事业的需要而设置的建筑物，它是组成村镇空间的一个重要因素，集中反映了一个村镇在某时代物质文明与精神文明的水平。

（1）村镇公共建筑的类型

各地对村镇公共建筑的类别划分差异较大，根据《镇规划标准》（GB 50188—2007）统一划分为六类：行政管理、教育机构、文体科技、医疗保健、商业金融和集贸市场，主要包括村镇中小学校、村镇商业建筑、村镇行政办公建筑等。

（2）村镇公共建筑的特点

① 综合性：村镇公共建筑的规模普遍较小（尤其是经济条件相对落后区域），很难形成统一的规模与层次。因此，应结合村镇公共建筑的特点，将性质相近、联系密切的公共建筑合并建设、综合使用。

② 多功能性：村镇公共建筑与城市公共建筑在使用人群、规模、使用频率等方面都存在一定差异，为满足广大村镇居民多种需求，适应农村经济条件，要求部分公共建筑有多功能性作用。

③ 群众性：村镇公共建筑主要服务于居民群众，要注意适合农民群众的特点以及农村经济的发展水平，在使用要求和使用特点上应体现方便广大居民的原则，并符合村镇居民的生活习惯。

1.3 严寒地区村镇建筑现状分析

1.3.1 影响因素分析

1. 气候与区位因素

由于建筑平面布局、建筑形式以及墙体、门窗、屋顶、地面等围护结构都要受到温度、湿度、日照、风速、雨雪等自然气候条件的影响，不同区域的地质条件、地形地貌等对建筑设计有限制与制约的作用，因此建筑区位与气候条件对村镇绿色建筑设计具有深远的影响作用。本图集用于指导严寒地区村镇绿色建筑的设计与建设，严寒地区根据不同的采暖度日数HDD18和空调度日数CDD26范围，划分为三个子气候区（表1-2）。

为抵御冬季风雪，适应寒冷的气候，严寒地区农村住宅的墙体厚重，大都由粘土砖、石材、土坯等材料组成，并采取保温措施。在平面布局上，以"一明两暗"模式为主，布局紧凑、规整且单一，将卧室、客厅等主要居住功能的房间布置于南向，以争取充分日照；储藏

表1-2 严寒地区建筑气候分区

气候分区		分区依据	气候特征	代表地区
严寒地区（一区）	严寒A区	5 500 ≤ HDD18 < 8 000	冬季异常寒冷，夏季凉爽	漠河、呼玛、嫩江、黑河、孙吴、伊春、克山、海伦、富锦、通河、图里河、阿尔山、海拉尔、博克图、东乌珠穆沁旗、阿巴嘎旗、通河、西乌珠穆沁旗、锡林浩特、二连浩特、长白、乌鞘岭、玛多、托托河、曲麻莱、达日、杂多、若尔盖、色达、狮泉河、索县、那曲、班戈、申扎、帕里
	严寒B区	5 000 ≤ HDD18 < 5 500	冬季非常寒冷，夏季凉爽	安达、虎林、尚志、齐齐哈尔、哈尔滨、泰来、牡丹江、宝清、鸡西、绥芬河、多伦、化德、敦化、桦甸、合作、冷湖、玉树、都兰、同德、阿勒泰、富蕴、和布克赛尔、北塔山、理塘、丁青
	严寒C区	3 800 ≤ HDD18 < 5 000	冬季很寒冷，夏季凉爽	前郭尔罗斯、长岭、长春、临江、延吉、四平、集安、呼和浩特、扎鲁特旗、巴林左旗、林西、通辽、满都拉、朱日和、赤峰、额济纳旗、达尔罕联合旗、乌拉特后旗、海力素、集宁、巴音毛道、东胜、鄂托克旗、沈阳、彰武、清原、本溪、宽甸、围场、丰宁、蔚县、大同、河曲、酒泉、张掖、岷县、西宁、德令哈、格尔木、乌鲁木齐、哈巴河、塔城、克拉玛依、精河、奇台、巴伦台、阿合奇、松潘、德格、甘孜、康定、稻城、德钦、日喀则、隆子

室等附属功能空间设置于北侧；厨房往往位于中部，并兼具交通功能；灶台与两侧卧室中的火炕相连。

以农业为主要生产功能的村镇区域，由于农作物副产品较多且作为燃料较为经济实用，村庄内的农户多以秸秆、生物燃料等农副产品为主要燃料，室内平均温度以6.3℃~15.1℃居多，整体低于以煤或木柴为主要燃料的地区。靠近山林的村镇多处于生态主产功能区中，此类林业区村庄农户多以木柴作为主要燃料，秸秆或煤为辅助燃料，室内平均温度一般可以达到13.5℃~19℃，但村民普遍对室内温度的需求更高。其他类型村庄主要包括农业生产特征不明显、周边自然资源较为有限的村庄，主要集中在城市边缘区村镇，此类村庄的农户室内采暖燃料多以煤为主，室内平均温度在15.4℃~22.7℃。可见，不同地区的建筑需要根据其地位与气候差异进行相应设计。

2. 经济与技术因素

经济与技术问题在建筑设计的各个阶段都有不同的要求，从基地选址、总体布局、空间组合、材料和结构的选择、建筑形式的处理及设备选用等都需要考虑其影响。经济与技术发展是推动严寒地区村镇建筑发展的主要动力之一，严寒地区大部分村镇主体经济依然为农业，大中城市辐射范围以外的乡镇，第二和第三产业仍处于较低的发展水平，如粮食主产区的农垦村镇体系，其全域三次产业结构（2013年）为47.6∶25.2∶27.2；森工系统主体经济已经向非

林木业转型，林下经济种植和旅游业成为新的发展方向，森林保有量也逐年增长，总体生态环境呈保持和提升趋势。村镇建筑与环境质量因各区域经济发展水平不同而有较大差异，相应的基础设施和公共服务设施的建设仍处于较低的水平。不同经济条件的人群对建筑的感知与接受程度不同，在前期调查研究中发现严寒地区农村室内平均温度差距较大，一般在9.8℃~19.4℃之间，但64%村民感到温度适中，12%村民感觉稍冷，村民对建筑环境的满意度与其有一定关联性，收入越低的农户对建筑环境的要求也相对较低。

严寒地区地域较为广阔，且各地区经济发展与建筑技术水平差异较大，村镇的绿色建筑设计应考虑各地的施工水平、建筑材料等因素，在应用绿色技术的同时尽量降低建筑成本，做到因地制宜就地取材。同时，村镇绿色建筑设计与施工需要物质条件与技术手段作为支撑，绿色建筑在村镇层面的推广也取决于工程结构和技术条件的发展，若不具备一定的施工技术水平与经济基础，村镇绿色建筑的建设很难得以实施。

3. 资源与环境因素

在村镇建筑设计中应注重建筑所在村镇的资源与环境影响，在设计中充分利用自然环境和自然景观。对建筑所在镇乡域内的各类空间元素进行多维的属性识别和质性评价，如基于空间生态属性的生态基质、斑块、廊道的识别和生态容量、生态承载力、生态效益、生态敏感度等专项评价，为村镇建筑生态设计优化工作奠定基础，也为村镇建筑、建设项目选址等提供依据。

4. 社会与文化因素

严寒地区地域辽阔，区域内朝鲜族、满族、蒙古族、鄂伦春族等少数民族聚集，文化多元丰富。在村镇经济发展、社会进步和提高农民生活水平的基础上，更应强调村镇社会与文化层面的建设。

通过实地调查发现，严寒地区村镇居民对绿色建筑概念、内涵、范畴的理解还处于比较模糊的状态，51.3%的普通居民认为绿色建筑是"绿化建筑"，13.2%的居民认为是"高科技、高成本建筑"，72.8%的居民认为绿色住宅建设并不经济，同时，90%以上的居民表示并不愿意在无任何帮扶的情况下选择建造绿色建筑。绿色建筑源于建筑对环境问题的响应，强调通过优化设计实现资源、能源的节约和循环利用，强调因地制宜和材料本地化，即便建设之初的成本有所增加，

也将在未来使用过程中得以补偿，并将长久受益。而民众由于相关知识的匮乏，对绿色建筑的理解存在误区，甚至认为"绿色建筑"就是"绿化建筑"，即便在充分讲解绿色建筑的概念与内涵的前提下仍然认为其需要高技术水平并付出高额的经济代价才能得以实现，未能从建筑全生命周期综合考量其建设的经济性与合理性，而严寒地区村镇住宅一般采用自建方式，认知上的偏差直接影响到了个体行为的决策，从而影响村镇民众的抉择与价值取向，使绿色建筑的推行受到阻碍。因此，良好的宣传培训与建筑示范是推行绿色建筑发展的前提条件与重要保障。严寒地区村镇需要合理调节政府与民众的利益诉求与行动机制，以政府多元的经济激励措施与配套政策为手段，以编制建筑标准、技术指南为基础，以宣传教育、技术示范为先导，以推进绿色建材与建筑工业化为辅助，调动村镇居民自主建设的积极性与能动性，切合实际、分阶段地进行控制与引导绿色建筑的实施。

1.3.2 存在的问题

近年来，严寒地区村镇建筑设计水平随着城镇化发展与经济水平的提高而不断提高，但由于村镇建筑尤其是住宅多是由村镇居民自发设计与建造，缺乏必要的设计与施工指导，使村镇建筑在建筑功能、建筑形式、结构体系、建筑环境等多方面存在不足，给村镇绿色建筑的发展造成了一定障碍。

1. 思想观念陈旧

随着近年一系列惠农政策的出台，村镇居民收入稳步增长，生活水平大幅度提高，居住条件得到明显改善，然而村镇居民的一些陈旧观念与落后意识在一定程度上阻碍了村镇建设的健康发展。首先，村镇居民在住宅设计中有一定的盲目性，缺乏超前性、预见性和长远规划，存在着"不批就建、少批多建、无序乱建"的现象，严重影响了村镇经济的可持续发展，阻碍了社会主义新农村建设的进程。其次，村镇居民在建筑高度与形式上盲目攀比，对公共环境缺乏关注，出现了一些片面的追求"庄园式、别墅式、豪宅式"的村镇个人建房，村庄建设用地粗放，与城乡经济和社会可持续发展极不协调，与国家"十分珍惜、合理利用土地和切实保护耕地"的基本国策发生了冲突，造成了人力、物力、财力的极大浪费。

2. 功能形式不合理

目前"一明两暗"的旧有建筑模式已经不能满足村镇居民的需要，

但新建住宅大多数仍沿用这种布局形式，由于其平面形式过于规则，致使立面形体缺乏变化。住宅形式的单一、功能布局的不合理严重影响着村镇居民的生活质量，是村镇建筑亟待解决的问题之一。结构设计缺陷也受经济条件与技术水平等的制约，村镇建筑在结构设计方面存在较多问题：首先是缺乏一定的抗震能力甚至是无抗震能力，一旦发生地震就容易发生安全事故；其次是地基基础隐患较多，多数农民在住宅建设中自行根据经验建造，对于过去的一层住宅尚可，但随着村镇住宅逐步向2~3层发展，农村建筑的开间与进深与以往的一层均有所变化，其地基基础的处理方式也存在一定安全隐患；最后是建筑上部梁板的结构问题，梁的跨度越来越大而其横截面越来越小，不能妥善处理建筑空间与结构技术的关系。

3. 生活环境质量低下

部分村镇居民使用秸秆作为燃料，与使用其他燃料相比秸秆燃烧的温度提升并不明显，燃烧效率低且会加大空气中二氧化硫、二氧化氮、可吸入颗粒物三种污染物的含量。除此之外，焚烧秸秆致使地面温度急剧升高，会杀死土壤中的有益微生物，影响作物对土壤养分的充分吸收，对生态环境造成破坏，部分贫困地区因能源不足加重了植被破坏与土地侵蚀，形成了恶性循环，直接降低了农田作物的产量和质量，影响农业收益。但是由于秸秆的经济性与易得性使得村民更容易接受，因此燃烧秸秆供热供暖的做法仍旧较为常见。同时部分村镇中仍有人畜混居、垃圾粪便处理不当以及卫生条件差等问题存在，由此带来的环境问题非常突出。

4. 设计施工力量薄弱

村镇建筑的设计尤其是住宅建设在规划设计阶段仍处于较为粗糙的状态，未经过精心设计，无法合理运用当地特有的建筑材料，建筑形式较为雷同、缺少变化，绿化美化难以落实。其次，缺乏水电暖的系统设计，给后期施工和居民生活带来极大不便。由于没有整体的规划，导致许多不符合建筑设计规范的情况发生，大部分的建筑工程存在无证施工现象，工匠大多是"土瓦匠"，没有经过专业培训，建筑知识缺乏，多数设计施工过程中没有图纸，基本不按技术规定施工或使用不符合质量要求的建材和建筑构件，缺乏质量监管，致使建筑建造质量低，防灾减震能力较差，存在很多资源浪费。

第2章 严寒地区村镇建筑绿色化设计研究

GREEN DESIGN STUDY OF BUILDINGS FOR VILLAGES AND TOWNS IN THE COLD REGION

2.1 绿色建筑设计任务、原则与指导思想

2.1.1 设计任务

建筑绿色化设计理念是指导村镇建筑规划与设计，进而实现村镇建筑绿色化实践的重要前提。村镇绿色建筑中的"绿色"意味着人与自然的和谐，其内涵十分丰富，既包含了低碳、节约、持续、环保、友好等概念，又包括了健康、和谐、共生等内涵，因此村镇建筑的绿色化应秉承多方面设计理念。严寒地区村镇绿色建筑的设计是对"可持续发展"建筑理念的贯彻过程。通过村镇绿色建筑设计，建立理性的设计思维方式和科学的建设程序，提高建筑的环境效益、社会效益和经济效益。

严寒地区村镇绿色建筑的设计应以乡镇总体规划与村庄布局规划为基础，明确村镇建筑的规模与标准，做好前期分析与设计工作，科学进行村镇建筑设计，把绿色环保理念融入规划与设计中，采取有效措施尽力节约能源、资源和材料，降低对环境的负面影响，提升村镇居民生活环境质量，使其符合绿色建筑评价标准的要求。统筹安排各类基础设施和公共设施，为村镇居民提供舒适、和谐、适应严寒地区特征的人居环境。

2.1.2 设计原则

村镇绿色建筑要实现与人、自然、环境以及当地社会、文化、政治、经济的融合与和谐，成为村镇社会系统中不可分割的有机组成部分，要坚持"健康、适宜、持续、经济"的总体设计原则。

1. 健康性

村镇绿色建筑的设计应满足村镇居民的健康生活需要，具有足够的强度、刚度、抗震性和稳定性，满足防火规范和防灾要求，保证村镇居民的人身财产安全，在设计过程中应合理组织自然通风、采光，选用环保材料，保障室内环境质量，使人们在舒适健康的环境中高效工作、充分休息。

2. 适宜性

按村镇不同的区位和地形条件、不同居住对象的生活方式、家庭人口组成和所从事的副业生产情况，考虑绿色建筑标准、户型、平面设计和院落布局，在满足使用功能需求的前提下，为生产、生活创造良好条件。通过外形、材料、质感、色彩、装饰等创造良好的视觉效果，与严寒地区自然环境相协调，结合当地风俗习惯创造具有浓郁地域文化风情的建筑。

3. 持续性

从全局及长远的角度考虑村镇建筑的绿色化建设，在建筑的整体布局上，对其结构、功能、形式进行合理规划与设计，综合考虑建筑建造、装修、运行、改造及拆除、废弃物处理等全寿命周期的各个阶段，在每个环节都充分体现生态与可持续发展的理念。

4. 经济性

村镇绿色建筑设计应契合生态经济、循环经济的发展理念，提出有利于成本控制、具有现实可操作性的优化方案，根据具体项目的经济条件和要求选用技术措施，在优先采用被动式措施的前提下，实现主动式技术与被动式技术相互补偿和协同运行，把经济活动对自然资源的影响降低到尽可能小的程度。在平面布局上紧凑合理，充分利用空间，节约用地，在建筑材料选取上就地取材，以最小的成本和最少的建造时间达到目标质量的要求。

2.1.3 指导思想

村镇绿色建筑设计应坚持以城带乡的整体思路，依据国家有关村镇居住建筑、公共建筑设计的方针、政策、法规及规范等进行设计。以技术观、自然观、系统观为指导思想，以解决人与人、人与物、人与环境的协调关系并提高效率为目标，同时在设计中着力解决农民生产生活中最为迫切的实际问题，努力改善村镇生产生活条件，促进村镇社会环境的全面进步。

1. 技术观

在建筑材料的生产与运输、建筑施工与运行的过程中尽可能降低能源与资源的消耗，减少不可再生能源与资源的使用，优先采用可再生的能源与资源，节约材料；尽可能选择可再生、可回收建筑材料。在村镇绿色建筑设计与规划时应考虑通过合理的通风系统、建筑围护结构的设计，减少采暖和空调的使用；尽可能地充分利用如太阳能、风能、生物能等可再生能源来代替不可再生能源；在满足建筑的使用功能和结构安全的前提下，选用生产耗能低、回收利用率较高的建筑材料，使其拆除后对环境影响降到最低。

2. 自然观

传统地域性建筑是与特定自然地理环境和地域气候相适应的、经过长期演变形成的建筑形式。不同地域地质、水文、土壤、植被、地形地貌、温度、湿度、太阳辐射、风、降水等自然地理与气候环境条件的差异，使传统地域性建筑在群体组合、功能布局、空间、材料、

结构、采光与遮阳、自然通风等形式上丰富多样，进而在深层结构上影响人的社会文化和风俗礼仪。村镇绿色建筑应当充分利用建筑场地周边的自然条件，并尽量保留和合理利用现有适宜的地形、地貌、植被和自然水系。在建筑选址、朝向、布局、形态等方面，充分考虑当地生态环境，尤其是严寒地区村镇的冬季寒冷漫长、夏季温暖短暂的气候特征，在建筑风格与规模上保持与周围村镇环境的协调，以及历史文化与景观的连续性，尽可能减少对村镇自然环境的负面影响和生态环境的破坏。

3. 系统观

村镇建筑是村镇文化中的重要组成部分，是物质文明与精神文明的综合体现，其形式与内容是村镇社会形态的缩影。村镇绿色建筑的实施并非简单的技术应用，而是跨越多层级尺度范畴、多学科领域交叉、贯穿生命周期、涉及众多相关主体、硬学科与软学科共同支撑的系统工程。村镇绿色建筑研究综合城乡规划学、建筑学、景观学、建筑技术学、地理学、生态学、农学、林学、气象学、环境学等众多学科，在空间上具有外界环境系统的多层级以及各层级之间存在相关性的特征，实施村镇绿色建筑需要对宏观、中观、微观等不同尺度的空间领域环境给予关注并构建对策。与此同时，关注建筑的全寿命周期，不仅在规划设计阶段充分考虑并利用严寒地区村镇的环境因素，还要确保施工过程中对环境的影响最低，运营管理阶段能为人们提供健康、舒适、低耗、无害空间。

2.2 绿色建筑设计的内容
2.2.1 节地与室内外环境
1. 选址

建筑的绿色化选址应注重安全性与保护性。安全性原则是指场地安全，无洪涝、滑坡、泥石流等自然灾害威胁，无危险化学品等污染源、易燃易爆危险源的威胁，无电磁辐射、含氡土壤等有害有毒物质的危害，严寒地区为防止"霜冻"效应，一般不建议建筑布置在山谷、洼地、沟地等凹地处，考虑冬季防止冷风渗透而增加采暖耗能，住宅建筑应选择避风基质建造。保护性原则是指建筑选址符合所在村镇相关规划，且符合各类保护区、文物古迹保护的控制要求，不破坏当地自然水系、湿地、基本农田、森林和其他自然保护区。在建设过程中尽可能维持原有场地的地形、地貌，保护场地

内有价值的树木、水塘、水系，避免因土地过度开发对周围整体环境造成破坏。

2. 节地

节地是绿色建筑评价的重要指标，也是绿色村镇建设目标之一。节约集约利用建筑用地是严寒地区绿色村镇发展建设的必经之路。人均居住建筑用地面积以及公共建筑容积率的控制应在尊重农民利益和意愿的前提下进行，节地的重点在于对人均建筑用地面积和宅基地面积的控制，结合农村的实际特征循序渐进，从绿色试点到理念推广，最终实现农村绿色发展的目标。

（1）居住建筑节地

严寒地区村镇居住用地合理规划布局的对策主要包括村镇居住建筑群规划以及居住建筑院落设计两方面。针对严寒地区村镇居民不同的需求，在居住建筑类型的选择上要适应北方严寒地区的气候特点，做到防寒、保温和节能。在住宅的平面组合方面，提倡建立多户并联的低层住宅，通过加大每栋建筑物的体量来获得建筑形体系数的降低（建筑物外表面积与建筑物体积的比值），减少能耗，节约市政管网的投资及土地。

提高宅基地的土地利用效率，将宅基地内的闲置土地划到宅基地以外，集体进行绿化改造、土地整理，形成道路绿带、开放绿地、粮食晒场和公共活动空间（图2-1）。将前后院的种植用地划到宅基地以外，形成"绿色过渡区"，仍作为家庭种植用地使用，用地性质由家庭的居住用地变为耕地。

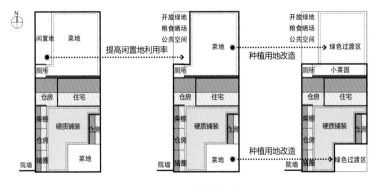

图2-1 宅基地紧缩方案示意图

住宅建筑设计中宜加大进深，减小每户面宽，适当增多每幢住宅建筑的单元数和户数，提高建筑密度和容积率。适当提高住宅层数，对于非农户提倡建设水平分户的单元式住宅，达到节约用地的目的。

但是，严寒地区农村的经济水平较低，绝大多数村庄尚未实现集中供暖，为了减少燃料的上下搬运，住宅层数不宜过高，一般将一层平房改建为二层或三层即可。并结合《镇规划标准》（GB 50188—2007）、各省土地管理条例的规定，充分考虑村庄地形和区位条件、耕地条件和村民主要收入来源等情况，制定有差异的人均居住建筑用地面积指标值（表2-1）。

表2-1 严寒地区绿色村庄人均居住建筑用地指标值

农户类型		人均居住建筑用地面积 /(m²·人⁻¹)	宅基地面积 /(m²·户⁻¹)
城乡交错带地区，乡镇政府及农、林、牧、渔场部所在地		≤ 75	≤ 250
其他地区	人均耕地面积 $S \leq 2$ 亩	≤ 90	≤ 300
	人均耕地面积 2 亩 $< S \leq 5$ 亩	≤ 105	≤ 350
	人均耕地面积 $S > 5$ 亩	≤ 120	≤ 400

（2）公共建筑节地

对于村镇公共建筑的节地，镇区与村庄对其容积率的控制区别对待，村庄的标准相对于镇区也相应降低，根据《严寒地区村镇绿色建筑评价标准》的相关规定（表2-2），公共建筑的容积率控制在0.5以上，并鼓励结合实际需求进行适当提高。

表2-2 公共建筑容积率评分规则

容积率 R	得分	
	镇区	村庄
$0.5 \leq R < 0.8$	5	10
$0.8 \leq R < 1.5$	10	
$1.5 \leq R < 3.5$	15	19
$R \geq 3.5$	19	

3. 室内外环境设计

绿色建筑室外环境设计包括绿化设计、日照、采光与室内外风环境设计。绿色建筑的室外绿化不仅应具有生态功能，如净化空气、调节温湿度、降低噪声等，还应具有社会功能，美化环境，为居民提供休闲娱乐场所。室外绿色植物的配置应优先考虑乡土植物，在植物配置上应采用包含乔、灌、草相结合的复层绿化，以乔木为主体，乔、灌、草结构合理，形成富有层次的具有良好生态效益的绿化体系。

建筑周围树木的布局应能在一定程度上阻挡冬季的寒风和引导夏季的气流，根据冬、夏季主导风向的方位种植树木，有利于建筑物的防寒与自然通风，但建筑物周边不同方位的树木过多时会影响

空气流动（图2-2）。严寒地区的夏季也较为炎热，为了实现房间内部通风，可在迎风侧的窗前种植低于0.8 m的灌木，当灌木与窗的距离在4.5~6.0 m时，会使风的角度向下倾斜，有利于房间的通风（图2-3）。同时，有条件的农村地区可以在建筑物前后布置前后院，在一定程度上也能增加夏季室内通风（图2-4）。

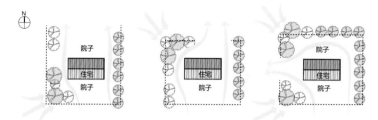

图2-2 绿色布置与自然通风

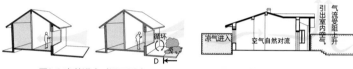

图2-3 窗前灌木对通风影响　　图2-4 前后院布置与自然通风

绿色建筑的室内外日照环境、自然采光和通风条件与室内的空气质量和室外环境质量的优劣密切相关，直接影响居住者的身心健康和居住生活质量。绿色建筑在进行日照环境设计时，可通过合理配置建筑物，满足室内外活动场地在严寒地区气候条件下的日照需求，同时避免夏季紫外线辐射强烈对人体造成伤害（图2-5）。

建筑室内的热环境、风环境与房屋的隔热和遮阳等措施有密切关系（图2-6）。房间门窗的布置以及门窗的开启方法等对房间的通风效果也有极大的影响（图2-7），合理安排门窗在建筑平面中的位置和尺寸是自然通风的措施之一，房屋的夏季通风主要是利用风压差组织穿堂风，进出风口的位置也决定通风效果的好坏。

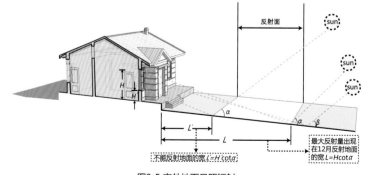

图2-5 室外地面日照辐射

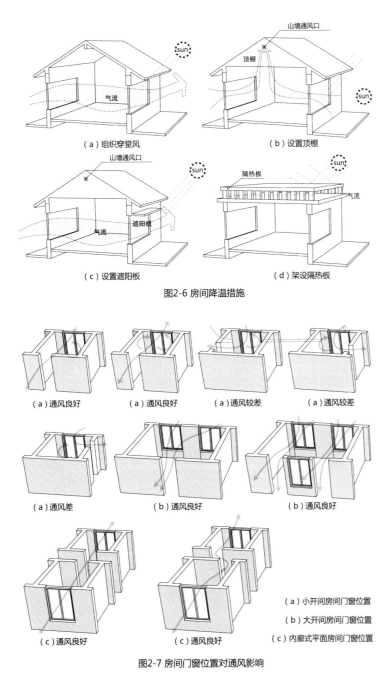

（a）组织穿堂风　　　　　　（b）设置顶棚

（c）设置遮阳板　　　　　　（d）架设隔热板

图2-6 房间降温措施

（a）通风良好　（a）通风良好　（a）通风较差　（a）通风较差

（a）通风差　　　（b）通风良好　　　（b）通风良好

（c）通风良好　　　（c）通风良好

（a）小开间房间门窗位置
（b）大开间房间门窗位置
（c）内廊式平面房间门窗位置

图2-7 房间门窗位置对通风影响

2.2.2 节能与能源利用

在村镇建筑建设各个阶段必须贯彻能源意识，加强各个阶段、各工作间的协作配合，将能量消耗降低至最小程度，努力提高能源利用效率，充分利用自然能量，达到最佳的综合节能效果。根据国内外能源问题形势以及严寒地区的实际情况，村镇建筑节能的具体方法应根据各地区的自然因素来决定，充分利用太阳、风、水利、

地形等自然条件。为严寒地区村镇建筑制定阶段性、局部性的建筑节能目标与计划，节能工作的重点是降低建筑的日常运转耗能，尤其是冬季的采暖耗能。此外，村镇建筑的节能工作应兼顾能源节约与村镇居民的生活水平，设计中大力开发不同层次节能技术，以及在量大面广的居住、公共建筑中取得实效的技术与最佳民用能量形式。

为了贯彻国家节约能源的政策，扭转严寒地区居住建筑采暖耗能大、热环境质量差的状况，根据国家和严寒地区建筑节能相关标准和规定，村镇建筑物宜采用南北向或接近南北向，主要房间宜避开冬季主导风向。建筑物的体形系数宜控制在0.3及以下，若体形系数大于0.3，则屋顶和外墙应加强保温，其传热系数应符合有关规范要求。严寒地区不同区域虽然冬季采暖方式、燃料等有所差别，但居住建筑各部分围护结构的传热系数不应超过有关规定的限制。外墙在受周边混凝土梁、柱等热桥影响下，其平均传热系数不应超过规定的限值。窗户（包括阳台上部透明部分）面积不宜过大，在建筑物采用气密窗户及窗户加密封条的情况下，房间应设置可以调节的换气装置或其他可行的换气设施。围护结构的热桥部分应采取保暖措施，以保证其内表层温度不低于室内空气露点温度并减少附加传热的热损失。

1. 建筑保温

（1）屋顶保温

严寒地区村镇绿色建筑的屋顶保温应当选择轻质、多孔、导热系数小的保温材料。根据保温材料的成品特点和施工工艺的不同，在应用过程中把保温材料分为散料、现场浇筑的拌合物和板块料三种，其中散料式和现场浇筑式保温层具有良好的可塑性，还可以用来替代找坡层。坡屋顶保温层的做法与平屋顶相似，保温构造与平屋顶相差不多。保温层既可以设在屋顶结构层以上（俗称上弦保温），也可以设在结构层以下（俗称下弦保温）。

保温层位置有三种形式。一是保温层设在结构层与防水层之间，保温层设在屋盖系统的低温一侧，保温效果好，并且符合热工原理，同时，由于保温层是摊铺在结构层之上的，符合受力原则，构造也简单，同时也容易在农村地区进行施工操作；二是保温层设置在防水层之上，其构造层次为保温层、防水层、结构层，这种屋面对采用的保温材料有特殊的要求，应当使用具有吸湿性低、耐气候性强的憎水材料作为保温层，并在保温层上加设钢筋混凝土、卵石、砖等较重的覆盖层；三是保温层与结构层相结合，在钢筋混凝土槽形板内设置保温层或将保温材料与结构融为一体，如配筋加气混凝土板。这种做法使屋面板同时具备结构层和保温层双重功能，工序简化，还可降低建造成本。

（2）地板保温

严寒地区采暖建筑的底层地面进行地板保温处理时，地板周边的保温性能比中间好，当建筑物周边无采暖管沟时，在外墙的内侧0.5~1 m范围内应铺设保温层，热阻值应大于外墙的热阻值。

（3）门窗保温

严寒地区窗户对冬季供暖的热损耗影响较大，门和窗冬季通过辐射和对流传热（图2-8），热通过门窗由室内传向室外，减少门窗表面换热阻可以减少热流量。

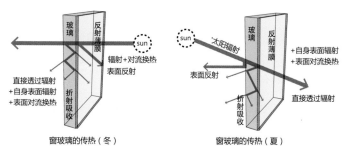

图2-8 窗玻璃冬、夏季传热

从保温设计的角度而言，尽可能选择保温性能好的保温门，并且要求门的密闭性较好，以减少外门开启时冷风渗透。控制窗墙面积比将有效地减少热量的损耗，在保证天然采光的情况下，窗的面积应该加以限制。窗户的气密性应不低于现行国家标准《建筑外窗空气渗透性能分级及其检测方法》（GB 7107）中规定的等级，并在窗上使用密封条、减压槽提高窗的气密性、减少冷风渗透，也可使用多层窗（即利用增加窗扇的层数形成的空气间层，加大窗的保温能力），使用双层玻璃窗（单框双玻）或中空玻璃都能改善玻璃的保温能力，极寒或条件允许的地区采用三层玻璃。将窗框材料改为空心型材，利用内部形成的空气间层提高保温能力，或者使用塑料型材，利用其导热系数小的优点提高保温能力。在注重保温性能的同时，还需要保持一定的换气量，以保证空气的质量能够满足人体健康要求。

2. 可再生能源使用

（1）太阳能

严寒地区普遍日照充足，为太阳能的应用提供了便利的条件，被动式太阳房是将太阳能用于采暖的最简单、最有效的一种形式。被动太阳房无须任何设备，经济成本较低，尤其在部分严寒地区冬季太阳能也较为丰富，只要建筑围护结构进行一定的保温节能改造，被动太阳房完全可以达到室内热环境所要求的基本标准。太阳能低温储水采暖系统也是适合严寒地区村镇的采暖系统之一（图2-9）。太阳能集热器宜采用真空集热管式，热媒介质还可以采用乙二醇水坝溶液，可解决低温环境的冻结问题。辅助热源采用电加热，以适应当地能源状况，房间散热可采用低温热水地板储热辐射层。附加阳光间由出挑的楼板、大面积的透明外罩以及与采暖房间相连的门组成（图2-10）。

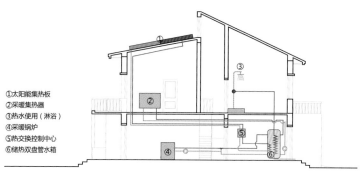

①太阳能集热板
②采暖集热器
③热水使用（淋浴）
④采暖锅炉
⑤热交换控制中心
⑥储热双盘管水箱

图2-9 太阳能热水系统示意图

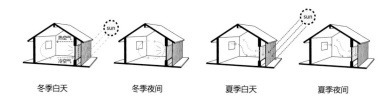

冬季白天　　冬季夜间　　夏季白天　　夏季夜间

图2-10 阳光间工作原理图

（2）风能

建筑环境中的风能利用形式分为两种：一种是自然通风和排气，以适应地域风环境为主的被动式利用为主；另一种是风力发电，以转换地域风能为其他能源形式的主动式利用为主。建筑环境中风力发电的供电模式有：①独立运行模式，风力发电机输出的电能经蓄电池储能，再供用户使用；②与其他发电方式互补运行模式——风力–柴油机组互补发电方式，风力–太阳能光伏发电方式，风力–燃料电池发电方式；③与电网联合供电模式——采用小型风力发电机供电以满足建筑用电需求，电网作为备用电源供电。当风力机在发电高峰时，产生的多余电量送到村镇电网出售，使得清洁能源用户有一定的收益，当风力机发电不足时可从村镇电网取电。这种模式免去了蓄电池等设备，后期的维修费用也相对比较少，使得系统成本大幅度下调。

（3）生物质能

沼气能是能在农村普遍采用的节能方法，沼气用来引火煮食，达到节约煤炭、减少污染的目的。沼气能作为其他可再生能源的补充，有效地解决了人居地域内排泄物的处理和再利用问题，符合保护人类生态环境的要求。在严寒地区沼气科学技术发展和家用沼气推广的背景下，根据当地使用要求和气温、地质等的条件，家用沼气池可分为固定拱盖的水压式池、大揭盖水压式池、吊管式水压式池、曲流布料水压式等多种形式。沼气利用生态模式将沼气池、禽畜室、厕所、日光温室组合在一起，构成能源的生态利用系统（图2-11），从而在一块土地上实现产气积肥同步，种植养殖并举，成为发展生态农业的重要措施。

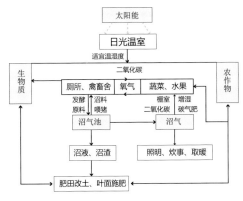

图2-11 沼气池生态模式运转示意图

2.2.3 节水与水资源利用

严寒地区村镇应根据不同区域村镇的具体节水规定，结合地区水资源状况、气象资料、地质条件及市政设施情况等制定水资源利用方案，统筹利用各种水资源。建筑设计阶段确定节水用水定额、编制用水量计算（水量计算表）及水量平衡表。景观水体补水严禁采用市政供水和自备地下水井供水，但可以采用地表水和非传统水源，取用建筑场地外的地表水时，应事先取得当地政府主管部门的许可；采用雨水和建筑中水作为水源时，水景规模应根据设计可收集利用的雨水或中水量来确定。

给排水系统设置应保证合理、完善、安全，管材、管道附件及设备等供水设施的选取和运行不应对供水造成二次污染，各类不同水质要求的给水管线应有明显的管道标识。有直饮水供应时，直饮水应采用独立的循环管网供水，并设置水量、水压、水质、设备故障等安全报警装置。使用非传统水源时，应保证非传统水源的使用安全，设置防止误接、误用、误饮的措施，设置完善的污水收集、处理和排放等设施。技术经济分析合理时，可考虑污废水的回收再利用，自行设置完善污水收集和处理设施，且污水处理率和达标排放率必须达到100%。选择热水供应系统时，热水用水量较小且用水点分散时，宜采用局部热水供应系统；热水用水量较大、用水点比较集中时，应采用集中热水供应系统，并应设置完善的热水循环系统。设置集中生活热水系统时，应确保冷热水系统压力平衡，或设置混水器、恒温阀、压差控制装置等。根据当地气候、地形、地貌等特点合理规划雨水入渗、排放或利用，保证排水渠道畅通，减少雨水受污染的几率以及尽可能地合理利用雨水资源（图2-12）。

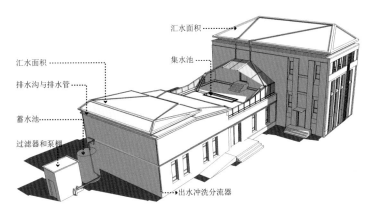

图2-12 独立式住宅雨水收集系统

除特殊功能需求外，均应采用节水型用水器具，可以选用的节水器具包括：①节水龙头，如加气节水龙头、陶瓷阀芯水龙头、停水自动关闭水龙头等；②坐便器，如压力流防臭、压力流冲击式6 L直排便器、3 L/6 L两挡节水型虹吸式排水坐便器、6 L以下直排式节水型坐便器或感应式节水型坐便器，缺水地区可以选用带洗手水龙头水箱坐便器；③节水淋浴器，如水温调节器、节水型淋浴喷嘴等；④营业性公共浴室淋浴器采用恒温混合阀、脚踏开关等。

2.2.4 节材与材料利用

1. 材料选择

目前，一些建筑材料及制品在使用过程中不断暴露出问题，已被证明不宜在建筑工程中应用，或者不宜在严寒地区的建筑中使用。

严寒地区村镇绿色建筑不应采用国家和当地有关主管部门向社会公布禁止和限制使用的建筑材料及制品，以国家和地方主管部门发布的文件为依据。同时，在建筑材料的选择方面，村镇建材本地化是减少运输过程资源和能源消耗、降低环境污染的重要手段之一。鼓励村镇建筑使用本地生产的建筑材料，提高就地取材制成的建筑产品所占的比例。

2. 形体设计

严寒地区村镇建筑在设计中遵循适用性原则，造型要素应当简约，少数民族建筑设计在体现民族特色同时尽量避免大量装饰性构件。应使用装饰和功能一体化的构件，利用功能构件作为建筑造型的语言，可以在满足建筑功能的前提下表达美学效果并节约资源。对于不具备遮阳、导光、导风、载物、辅助绿化等作用的飘板、格栅、构架和塔、球、曲面等装饰性构件，应对其造价进行控制。

建筑形体规则是一种根本意义上的节材，村镇绿色建筑设计应重视其平面、立面和竖向剖面的规则性及其经济合理性，优先选用规则的形体。抗震设防地区建筑设计应根据抗震概念设计的要求明确建筑形体的规则性，为实现相同的抗震设防目标，形体不规则的建筑要比形体规则的建筑耗费更多的结构材料。不规则程度越高，结构材料的消耗量就越多，性能要求也越高，不利于节材。

公共建筑设计中考虑可变换功能的室内空间时，应采用可重复使用的隔断（墙）。多地采用可重复使用的灵活隔墙，或采用无隔墙只有矮隔断的大开间敞开式空间，可减少室内空间重新布置时对建筑构件的破坏，节约材料，同时为使用期间构配件的替换和将来建筑拆除后构配件的再利用创造条件。

2.3 绿色建筑构造选择

建筑构造是建筑设计不可分割的一部分，具有实践性强、综合性强的特点。村镇绿色建筑的设计中需要根据建筑物的使用需求、绿色节能要求以及实际施工和使用中的问题，提出既适用、安全又经济、美观的构造方案。

对于建筑物来说，屋顶、墙和楼板层等都是构成建筑使用空间的主要组成部件，它们既是建筑物的承重构件又是建筑物的围护构件，用来抵御和防止风、雨、雪、冻、地下水、太阳辐射、气温变化、噪声以及内部空间相互干扰等影响，提供良好的空间环境。

按照建筑功能需要而设置的构件和设施，同样是建筑构造中的重要组成部分，包括楼梯、台阶、阳台、雨篷、栏杆、隔断、门、窗、天窗、火墙、火炕和房屋管道配件等（图2-13）。建筑构件除满足使用功能要求外，还要满足艺术造型方面的要求，对于构配件功能、造型、尺度、质感、色彩和照度等有关问题也需进行相关研究与设计。

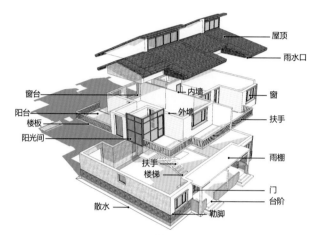

图2-13 建筑构造示意图

绿色建筑构造设计与选择的根本目的就是在已有技术的基础上，充分考虑村镇绿色化发展的目标，使用最经济、合理的手段满足预定条件下的建筑功能要求，遵守建筑设计的基本原则，包括适用性、安全性、耐久性等。

（1）安全性

村镇建筑的安全性关系到村镇居民的生命健康与财产安全，是其最基本的设计要求，建筑在使用的过程中会受到各种不同荷载以及变形的作用，有时候还会遭遇一些偶然事件，例如雪灾、地震等自然灾害。在这些外力的冲击下，建筑结构要仍然保持其整体的稳定性，不能因为局部的损坏导致坍塌断裂等。

（2）适用性

村镇建筑的建设是为了满足村镇居民生活、生产的需要，建筑结构应考虑经济适用性，在绿色化的同时尽量做到精简化，易于建造和施工，并使村民容易接受。

（3）耐久性

在村镇建筑的设计中要考虑建筑使用年限的问题，按照规定设计的建筑，在正常施工、使用一级维护的前提条件下，保证不需要进行大幅度的修整就可以达到预期的使用寿命。

2.3.1 屋顶

1. 屋顶分类、组成与作用

屋顶是建筑物上部起覆盖作用的外部围护结构，应能防御自然界的太阳辐射、风霜雨雪、气温变化等的影响，借以营造良好的室内环境。在严寒地区村镇建筑中，屋顶是建筑物最上层的覆盖部分，并且在整个围护结构中占有较大比例，它不仅关系到内外部使用功能，而且也影响到村镇的整体面貌。因此，严寒地区村镇住宅屋顶绿色化研究有着重要意义。

屋顶通常由屋面、屋顶承重结构、保温层或隔热层以及顶棚等组成，可形成平屋顶、坡屋顶、曲面屋顶等多种形式。根据严寒地区村镇的实际情况，村镇绿色建筑设计主要采用平屋顶、单坡顶、双坡顶和四坡顶（图2-14）。其中，坡屋顶能够有效解决严寒气候等因素引起的变形，避免屋面积水积雪，增加室内可用空间，同时使住宅立面更加高耸美观。坡屋顶坡度较陡，可适应雨雪天气（图2-15），常用屋架作承重层，按材料分有木屋架、钢屋架、钢木屋架、钢筋混凝土屋架等，屋面防水材料多用黏土瓦、水泥瓦、石棉瓦，以及瓦楞铁皮、玻璃钢波形瓦。屋顶结构分为倒置式屋顶、双重保温屋顶等多种。由于气候、经济、技术条件限制，屋顶结构及屋面隔热也有所限制，屋面保温选择普通屋面、倒置式屋面、聚氨酯喷涂屋面、金属屋面等。

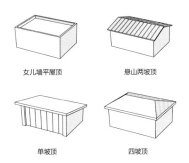

女儿墙平屋顶　　悬山两坡顶

单坡顶　　四坡顶

图2-14 屋顶形式示意图

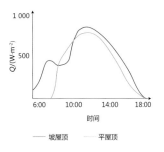

$Q/(\mathrm{W\cdot m^{-2}})$

时间

—— 坡屋顶　—— 平屋顶

图2-15 平屋顶与坡屋顶保温对比

2. 屋面热工性能

根据建筑所处严寒地区分区区属，居住建筑屋面的传热系数和热惰性指标应符合表2-3的规定。根据建筑所处气候分区区属，公共建筑屋面的传热系数和热惰性指标应符合表2-4的规定，如不满足表中规定，必须按《公共建筑节能设计规范》（GB 50189—2015）的规定进行围护结构热工性能设计。

表2-3 严寒地区居住建筑屋面传热系数和热惰性指标限制

气候分区	传热系数 $K/(\mathrm{W\cdot m^{-2}\cdot K^{-1}})$	
	$D \geq 4$ 层建筑	$D \leq 3$ 层建筑
严寒地区 A 区	0.40	0.33
严寒地区 B 区	0.40	0.36
严寒地区 C 区	0.45	0.36

表2-4 严寒地区公共建筑屋面传热系数和热惰性指标限制

气候分区	传热系数 $K/(\mathrm{W\cdot m^{-2}\cdot K^{-1}})$			
	体形系数≤0.3	0.3<体形系数≤0.4	体形系数>0.4	屋顶透明部分
严寒地区 A 区	≤0.35	≤0.30	≤0.30	≤0.25
严寒地区 B 区	≤0.45	≤0.35	≤0.30	≤0.26

3. 屋顶节能技术选择

（1）节能效果比较

A. 屋面技术节能效果比较

双层复合保温模式与倒置式屋顶的比较　以各保温材料厚度参考值与单设吊顶保温层时各材料所需厚度做比较，该保温模式的优势显而易见。以聚苯板为例，严寒地区单设吊棚保温层厚度需150 mm，运用坡屋顶与吊顶复合保温模式其厚度仅需 75 mm，大大节省了保温材料费用; 再如锯末，严寒地区单设吊顶保温层厚度需要500 mm，运用坡屋顶与吊顶复合保温模式其厚度仅需 195 mm。

倒置式屋顶与主动式屋顶的比较　由于主动式屋顶是在原屋顶基础上架设太阳能集热装置，因此传热系数更优越。此外，加入主动转换太阳能作为住宅使用的能源，每年可以为住户提供一定量的电能，在节能方面较被动式保温屋顶要好。倒置式屋顶使用阶段每年耗能40.824 MJ，屋顶耗能为整栋房屋的8%，整栋房屋年耗能510.3 MJ，架设主动式太阳能集热装置后，每年发电1 261.44 MJ。

B. 承重结构比较

对钢结构和木结构使用阶段的能耗进行比较，展现了这两种结构的屋顶相较于钢砼坡屋顶和金属屋顶的优越（表2-5）。

表2-5 各种屋顶构造全生命周期耗能

单位（MJ）

屋顶构造	生产阶段	施工阶段	使用阶段	拆除阶段	处理阶段	总计
钢砼板平屋顶	281.33	78.35	2 168.80	59.46	9.41	2 597.35
钢砼板保温300	286.79	79.22	1 700.00	60.11	9.52	2 135.64
钢砼坡屋顶	324.88	90.49	2 041.20	68.67	10.87	2 536.11
木屋顶结构屋顶	80.62	34.49	2 100.80	26.46	4.19	2 247.01
钢结构坡屋顶	306.37	45.49	2 036.80	34.52	5.46	2 428.64
金属屋顶	238.56	15.64	2 203.20	11.87	1.88	2 471.15
天窗屋顶	274.52	20.01	5 177.00	15.25	2.41	5 489.19

C. 保温层材料及厚度选择（表2-6）

表2-6 严寒地区建筑屋顶保温材料及厚度选择

保温材料	保温材料厚度参考值/mm		
	严寒 A 区	严寒 B 区	严寒 C 区
聚苯板	75	55	40
锯末	195	140	100
稻壳	125	90	65
干草	100	70	50
膨胀珍珠岩	185	135	95

（2）最终结果

不同类型村镇根据各自的实际情况对严寒地区建筑的屋顶技术进行选择，按照经济条件对现有村镇进行划分。屋顶技术方面，经济条件较好的村镇可以选择主动式屋顶技术，其他村镇住宅可以根据自身条件选择被动式屋顶技术。承重结构方面，推荐经济技术条件好的村镇选择钢结构屋顶，一般的村镇根据周边资源情况选择木结构或钢结构屋顶。保温材料方面，同时考虑保温性能与材料的本土性，经济条件较好的村镇可以主要选择聚苯板作为保温材料，一般的村镇可以选择本土材料以相应的厚度充当保温材料（表2-7）。

表2-7 严寒地区建筑屋顶技术、结构与保温材料推荐

节能屋顶组成	不同类型村镇选择	
	经济条件较好村镇	经济条件一般村镇
屋顶技术	大挑檐主动式双重保温屋顶	双层复合式保温屋顶
	双层集热屋顶	倒置式屋顶
承重结构	钢结构坡屋顶	木架构/钢结构坡屋顶
保温材料	聚苯板	膨胀珍珠岩
	当地的生态材料（锯末/稻壳/干草）一种或多种结合	

4. 屋顶节能技术构造与说明

（1）屋顶结构节能

A. 倒置式屋顶

倒置式屋顶就是将憎水性保温材料设置在防水层上面的屋顶构造形式。与普通保温屋顶相比，倒置式屋顶的优点有：构造和施工简化，更加经济，不必额外设置屋顶排气系统；防水层受保护，避免热应力、紫外线以及其他因素对防水层的破坏；憎水性保温材料切割加工简便，施工快捷，而且屋顶建成后检修更换方便，符合建筑施工技术的发展趋势（图2-16）。

B. 大挑檐主动式太阳能双重保温屋顶

大挑檐主动式太阳能双重保温屋顶在日本地球环境产业研究机

构总部的应用达到了遮阳、保温隔热和主动发电的良好效果。夏季，双重屋顶的空气间层将屋面上大部分热量通过气流带走或阻隔起来；冬天，冷空气在双重屋顶空气间层中受到日照而温度上升，然后由通风管经太阳能蓄热时将进一步加温的热空气送入室内（图2-17）。

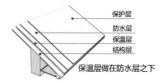

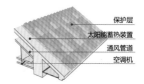

图2-16 倒置式屋顶示意图　　　图2-17 大挑檐主动式太阳能双重保温屋顶

C. 双层集热屋顶

双层集热屋顶，即空气集热屋面，也是一种正在快速发展的新型屋面，如图2-18所示上层表面为太阳能集热器，用来收集太阳能、加热间层中的空气，适用于太阳辐射强度大的严寒地区。集热器可以起到美化、遮蔽屋面的作用，而且空气间层也能通过相关设备使建筑在夏季获得良好的通风。

D. 双层复合保温式屋顶

坡屋面与吊棚双层复合保温的模式，即在吊顶内部形成封闭的空间，通过坡屋面和吊棚分设保温层，构成一体化屋顶双层复合保温，该模式适用于所有有檩体系坡屋面，屋面基层为檩条，屋面面层为各种屋面瓦（板）（图2-19）。

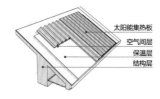

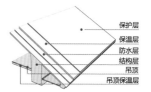

图2-18 双层集热屋顶　　　图2-19 双层复合式保温屋顶

E. 聚氨酯一体化屋顶

聚氨酯保温防水一体化是目前世界上最优良、最经济的屋面保温防水体系。聚氨酯硬泡集耐久性、防水性、保温性、隔热性、无缝性、粘接性、环保性、经济性等多种优良性能于一身。聚氨酯硬微小泡体闭孔率≥95%，吸水率≤1%，节能、隔热效果好。聚氨酯硬泡体是高密度闭孔的泡沫化合物，导热系数≤0.022 W/m²·K，节能效果好。屋顶质量轻，大大减小了屋面荷载，聚氨酯硬泡体（40 mm）代替了传统做法中的防水层、保温层及其中间的找平层等。

（2）屋面保温隔热构造（表2-8）

表2-8 屋面保温隔热构造

名称	构造简图	屋面特点	材料与技术要求
普通屋面	保护层 防水层 找平层 保温层 结构层	适合各类气候分区的普通屋面结构	（1）防水层直接与大气环境相接触，其表面易产生较大的温度应力，使防水层在短期内遭到破坏，应在防水层上加做一层保护层 （2）保温层宜选用吸水率低、密度和导热系数小并有一定强度的材料，如EPS板、XPS板、泡沫玻璃等
倒置式屋面	保护层 保温层 防水层 找平层 结构层	保温层设置在防水层的上面，构造层次为保温层、防水层、结构层	保温材料有特殊的要求，应当使用具有吸湿性低、气候性强的憎水材料作为保温层（如聚苯乙烯泡沫塑料板或聚氨酯泡沫塑料板），在保温层上加设钢筋混凝土、卵石、砖等较重的覆盖层
金属屋面	屋面板 保温层 檩条	采用金属板材料作为屋盖材料，将结构层和防水层合二为一的形式	屋面各类节点构造中必须充分考虑保温措施，以避免热桥；填充材料或芯材主要采用岩棉、超细玻璃棉、聚氨酯、聚苯板等绝热材料；聚氨酯及聚苯板等绝热材料防火性能较差，使用时应满足防火要求
聚氨酯喷涂屋面	保护层 保温层 找平层 结构层	硬泡聚氨酯材料具有一材多用的功能，不仅具备防水、保温、隔音等功能，而且保温性能优良	使用聚氨酯为喷涂材料时，其外表面应设置保护层（两者应具相容性），可使用细石混凝土或防辐射涂层保护，防止聚氨酯老化；聚氨酯或其他保温材料的喷涂厚度除按保温要求确定外，也应考虑建筑屋面防水等级要求，综合考虑确定最终喷涂厚度

（3）承重结构

A. 构架方式（图2-20、图2-21）

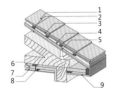

1.粘土瓦
2.挂瓦条
3.顺水条
4.干铺卷材
5.木望板
6.模塑聚苯乙烯泡沫
7.石膏板
8.冷弯型钢檩条
9.檐口吊顶

图2-20 木构架屋顶示意图

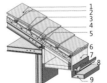

1.金邦瓦
2.防水层
3.结构板
4.木龙骨间保温层
5.屋架
6.垫木
7.彩钢型折弯件
8.冷弯型钢檩条
9.封檐板

图2-21 钢构架屋顶示意图

B. 承重方式

山墙承重：横墙砌成山尖形状，直接在墙上放置檩条以承受屋顶荷载。由于做法简单，适用于村镇建筑中开间并列的房屋，如办公楼和小学等。

屋架承重：当房屋开间较大时，可设置屋架支撑檩条，屋架间距一般为 3~4 m（用木檩条时）。大跨度建筑常采用预应力钢筋混凝土檩条，屋架间距可达 6 m（图 2-22、图 2-23）。

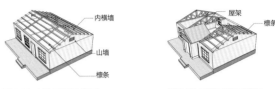

内横墙
山墙
檩条

图2-22 山墙承重示意图

屋架
檩条

图2-23 屋架承重示意图

（4）顶棚结构

根据村镇建筑房间大小和使用要求，顶棚一般分为直接式顶棚与吊顶棚（表2-9）。

表2-9 吊顶构造示意

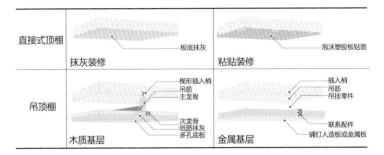

直接式顶棚	板底抹灰 抹灰装修	泡沫塑胶板贴面 粘贴装修
吊顶棚	楔形插入梢 吊筋 主龙骨 次龙骨 纸筋抹灰 多孔底板 木质基层	插入梢 吊筋 吊挂零件 联系配件 铺钉人造板或金属板 金属基层

（5）屋顶细节结构

A. 檐口（图2-24）

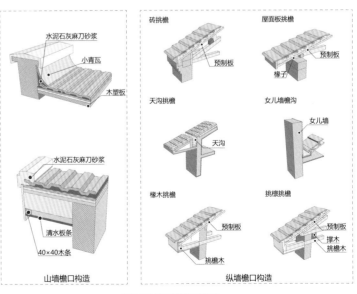

图2-24 檐口构造示意图

B. 落水口与泛水（图2-25）

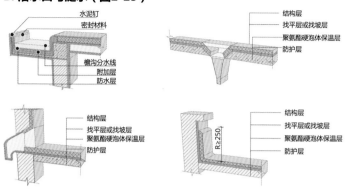

图2-25 落水口与泛水构造示意图

C. 变形缝与伸缩缝（图2-26、图2-27）

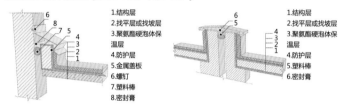

图2-26 屋面与山墙间变形缝构造示意图　　图2-27 水平伸缩缝构造示意图

2.3.2 墙体

1. 村镇常用墙体结构形式及选择

　　严寒地区村镇居住建筑常见结构形式包括砖混结构、砖木结构、钢筋混凝土结构和框架结构。砖混结构中竖向承重结构的墙、柱等采用砖或者砌块砌筑，横向承重的梁、楼板、屋面板等采用钢筋混凝土结构，以小部分钢筋混凝土及大部分砖墙承重。砖木结构中竖向承重结构的墙、柱等采用砖或砌块砌筑，楼板、屋架等采用木结构。钢筋混凝土结构指用钢筋混凝土建造主要承重构件。框架结构由梁和柱组成框架共同抵抗使用过程中出现的水平荷载和竖向荷载。

　　严寒地区农村多数为一层独立式住宅，以砖混结构为主，随着技术和经济条件的进步，框架结构、钢结构也有了一些应用，但还处于初始阶段。钢筋混凝土结构、钢框架结构相对于传统砖混结构，安全性高，抗震性显著提升。

2. 墙体热工性能

　　根据建筑所处村镇的气候分区区属，居住建筑和公共建筑外墙传热系数和惰性指标应符合表2-10、表2-11的规定。如墙体传热系数不满足表中规定，需按建筑节能设计标准的要求权衡判断。

表2-10　居住建筑外墙传热系数和热惰性指标限值

气候分区	传热系数 K/(W·m^{-2}·K^{-1})	
	≤3层建筑	4~8层建筑
严寒（A）区	0.25	0.40
严寒（B）区	0.30	0.45
严寒（C）区	0.35	0.50

表2-11　公共建筑外墙传热系数限值

气候分区	传热系数 K/(W·m^{-2}·K^{-1})	
	体形系数≤0.3	0.3≤体形系数≤0.4
严寒（A）区	≤0.45	≤0.40
严寒（B）区	≤0.50	≤0.45

3. 建筑外墙保温类型及选择

　　在建筑围护结构的节能中，外墙体的保温节能是建筑节能的重点。外墙保温按其保温层所在位置分类，目前主要有单一保温外墙、内保温外墙、外保温外墙和夹心保温外墙四种类型（图2-28）。

　　内保温即在外墙内侧表面设置保温层，起保温隔热作用。外保温是将导热系数较低的绝热材料与建筑物墙体固定为一体，增加墙体平均热阻值。外墙夹心保温体系将保温材料置于同一外墙的内、外侧墙片之间，内、外侧墙片均可采用传统的黏土砖、混凝土空心砌块等。

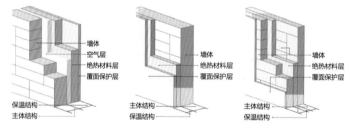

图2-28　居住建筑外墙保温类型

　　内保温技术具有对材料性能要求不高、便于施工和成本较低等特点，但内保温使内、外墙体分处于两个温度场，保温层易出现裂缝，使结构寿命缩短，存在易产生热桥和不便于二次装修等缺陷。夹心保温墙体有效保护了保温材料，对保温材料要求不高，但为保证系统连接的安全性，需有连接件，构造复杂，施工困难，易产生热桥，内部易形成空气对流，外墙结构寿命短，不适合应用于村镇建筑。外保温技术能够避免"热桥"现象，具有保护主体结构和扩大室内空间等优点，被大多数村镇居民所接受，适宜应用于我国目前的村镇建筑。

4. 村镇常用砌体结构种类

　　综合考虑技术的可操作性、节能环保性及经济合理性，结合严寒地区气候特征，适用于严寒地区村镇建筑的砌体种类见表2-12。

5. 保温材料

建筑保温材料一般是轻质、疏松、多孔、纤维类材料。按照保温材料成分可分为有机材料和无机材料，前者保温、隔热性能好，后者耐久性好。导热系数是衡量保温材料性能优劣的主要指标，导热系数越小，通过材料传送热量就越少，保温隔热性能也越好。

建筑保温、隔热材料的种类很多，适合严寒地区村镇建筑的几种常用保温材料主要包括：模塑聚苯乙烯泡沫塑料板（EPS板）、挤塑聚苯乙烯保温板（XPS板）、硬泡聚氨酯板（PUR板）、草板、草砖等。村镇住宅围护结构的保温材料应尽可能选用适于村镇地区经济技术条件的产品（表2-13）。

表2-12　严寒地区村镇建筑推荐砌体种类

分类	生产工艺	种类	特性			
			特点	主要技术参数		
				干密度 ρ_0/ (kg·m⁻³)	导热系数 λ/ (W·m⁻¹·K⁻¹)	
砖	烧结砖	烧结多孔砖	空洞率15%，孔尺寸小数量多。相对于实心砖，减少原料消耗，减轻墙体自重，增强保温隔热及抗震性能，可用作承重墙	1 100~ 1 300	0.51~ 0.682	
		烧结空心砖	空洞率35%，尺寸大数量少，空洞采用矩形调控或其他孔型，且平行于大面和条面，可用作非承重墙的填充墙	800~ 1 100	0.51~ 0.682	
	非烧结砖	蒸压粉煤灰砖	以粉煤灰、石灰为主要原料，掺加适量石膏和集料，经胚料制备、压制成型、高压蒸汽养护而成的实心砖	1 900~ 2 100	—	
		蒸压灰砂砖	以石灰和石英砂、砂或细砂岩，经磨细、加水拌和、半干法压制成型，蒸压养护而成	1 400~ 2 000	0.7~ 1.10	
砌块	非烧结类	混凝土空心砌块	以水泥为胶结料，砂石、重矿渣等为粗骨料，掺加适量的掺合料、外加剂等，用水搅拌而成，可用作承重墙或非承重墙	2 100	1.12 （单排孔） 0.86~0.91 （双排孔） 0.62~0.65 （三排孔）	
		加气混凝土砌块	与一般混凝土砌块比较，具有大量微孔结构，质量轻，强度高，保温性能好，本身可做保温材料，可用作非承重墙及围护墙	500~ 700	0.14~ 0.31	

6. 最终结果

严寒地区不同类型村镇可按照其各自实际经济技术情况对外墙构造进行选择应用。在结构形式方面，建议经济条件较好村镇选用框架

结构、钢混结构和砖混结构；建议经济条件一般的村镇选用砖混结构和砖木结构。在构造方式方面，建议不同类型村镇均选用外墙外保温系统；在砌体材料方面，建议经济条件较好的村镇选择普通混凝土砌块、加气混凝土砌块、蒸压粉煤灰砖、蒸压灰砂砖，建议经济条件一般的村镇选择烧结多孔砖、烧结空心砖、普通混凝土砌块；在保温材料的选择上，建议经济条件较好的村镇选择EPS板、XPS板、PUR板等，建议经济条件一般的村镇选择EPS板；结合村镇自身周边资源条件，二者均可因地制宜地选择草板、草砖等生态材料作为墙体保温材料（表2-14）。

表2-13　常用外墙保温材料性能

保温材料名称	性能特点	主要技术参数	
		密度 ρ/ (kg·m⁻³)	导热系数 λ/ (W·m⁻¹·K⁻¹)
模塑聚苯乙烯泡沫塑料板（EPS板）	质轻、导热系数小、吸水率低、耐水、耐老化、耐低温	18~22	≤0.041
挤塑聚苯乙烯保温板（XPS板）	保温效果较EPS好，价格较EPS贵	25~32	≤0.030
硬泡聚氨酯板（PUR板）	保温隔热性能好，防火、阻燃，抗冻融、抗开裂	30~40	≤0.020
草砖	利用稻草和麦草秸秆制成，干燥时质轻、保温性能好，但耐潮、耐火性差，易受虫蛀，	≥112	0.13
草板	纸面草板 利用稻草和麦草秸秆制成，导热系数小，强度大	单位面积质量 ≤26 kg/m² （板厚58 mm）	热阻 > 0.537 m²·k /w
	普通草板 价格便宜，需较大厚度才能达到保温效果，需作特别的防潮处理	300	0.13

表2-14 严寒地区村镇建筑外墙结构形式、构造方式、砌体材料与保温材料推荐

节能影响因素	不同类型村镇选择	
	经济条件较好村镇	经济条件一般村镇
结构形式	框架结构/钢混结构/砖混结构	砖混结构/砖木结构
构造方式	外墙外保温系统	
砌体材料	普通混凝土砌块/加气混凝土砌块/蒸压粉煤灰砖/蒸压灰砂砖	烧结多孔砖/烧结空心砖/普通混凝土砌块
保温材料	EPS/XPS/PUR	EPS
	草板/草砖等当地生态材料	

7. 外墙节能构造与说明

结合严寒地区村镇气候特点与经济技术条件，从节能环保程度、技术可靠性、成本造价、使用耐久性、资源耗用及施工工艺等角度对外墙构造进行比较选择，选择出以下7种适宜严寒地区村镇建筑应用的外墙

节能保温构造形式。

（1）粘贴泡沫塑料保温板外保温系统

粘贴泡沫塑料保温板外保温系统由粘结层、保温层、抹面层和饰面层构成。当饰面层材料选用涂料或饰面砂浆时，采用EPS板、PUR板和XPS板作为保温材料；当饰面层材料选用面砖时，采用EPS板作为保温材料（图2-29、图2-30）。

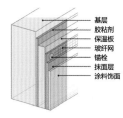
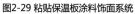
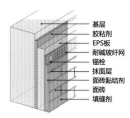

图2-29 粘贴保温板涂料饰面系统　　图2-30 EPS板面砖饰面系统

A. EPS板薄抹灰外墙外保温系统

适用于混凝土和砌体结构外墙，保温隔热性能好，应用技术成熟，造价为60~75 元/㎡，整个系统价格适中，便于用户接受，缺点是系统抗风压、抗冲击能力较差。

B. XPS板薄抹灰外墙外保温系统

适用于混凝土和砌体结构外墙，导热系数较EPS较低，要达到一定的热阻效果，其厚度要比使用膨胀聚苯板时薄。综合成本，相比于EPS板薄抹灰外保温系统提高约20 元/㎡，施工工艺要求稍高。

C. PUR板薄抹灰外墙外保温系统

适用于混凝土和砌体结构外墙，导热系数小，具有优异的保温隔热性能，环保性能好。随着节能要求的不断提高，对外墙保温材料的保温性能要求将会越来越高，聚氨酯的优势将得到进一步发挥。与EPS、XPS相比，该系统的使用数量还偏少，产品应用应参照《硬泡聚氨酯板薄抹灰外墙外保温系统材料》(JG/T 420—2013)行业标准。系统整体价格高于其他外保温系统。系统抗开裂，耐久性好，在施工技术方面，系统的施工工艺基本同于既有成熟的聚苯板薄抹灰系统，具有施工应用基础。

（2）胶粉EPS颗粒保温浆料外保温系统

适用于混凝土和砌体结构外墙，具有较好的抗裂性、抗渗性，造价低，防水性能好，大量利用废旧垃圾或粉煤灰等固体废弃物，利废再生，施工简便，缺点是系统厚度偏大（图2-31、图2-32）。

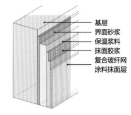
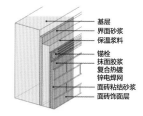

图2-31 涂料饰面保温浆料系统　　图2-32 面砖饰面保温浆料系统

（3）ZL胶粉EPS颗粒浆料贴砌保温板外墙外保温系统

适用于基层为混凝土及各种砌体墙，可达到节能65%，保温性强，防火性能优异，系统防火性能为A2级，价格适中，采用三明治系统，无空鼓开裂现象，耐久性好，对基层平整度要求低，可在平整度不高的基层上直接施工，节省大量剔凿找平工作量，缩短施工周期，施工适用性强（图2-33）。

（4）现场喷涂硬泡聚氨酯外墙外保温系统

适用于混凝土或各种类型的砌体结构，硬泡聚氨酯是性能最好的保温材料之一，由于硬泡聚氨酯与一般墙体材料黏结度高，能形成连续的保温层，有效阻断热桥，环保性能好，防火性能突出，整体价格高于其他外保温系统，具有保温、透气、抗裂、防水性能；使用寿命长，可机械化作业，施工复杂（图2-34）。

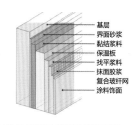
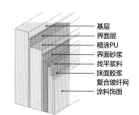

图2-33 ZL胶粉EPS颗粒浆料贴砌保温板外墙外保温系统　　图2-34 现场喷涂硬泡聚氨酯外墙外保温系统

（5）硬泡聚氨酯保温装饰一体化外墙外保温系统

广泛适用于各种建筑结构，保温性能优越，由于实现了最大程度的工厂化加工，大大减少了施工现场建筑垃圾、粉尘和噪声的产生，阻燃防火性能好，综合成本较高；对于有一定装饰效果要求的建筑，其综合成本对比持平，保温层与装饰层结合牢固可靠，可消除装饰物脱落隐患，较好地解决了墙体开裂的问题。将传统通过现场湿作业完成的保温和装饰两大工序中绝大部分工作在工厂由自动化的生产线一次预制成型，现场一次安装即可，形成了机械化作业模式，施工安装流程化，简化了施工工艺（图2-35、图2-36）。

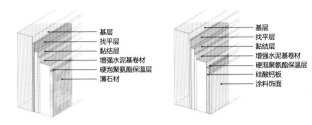

图2-35 涂料PUR保温装饰板保温系统　　图2-36 面砖PUR保温装饰板保温系统

（6）草板复合墙

纸面草板是采用废弃的稻杆或麦秆经过机械清除、整理、冲压、高温挤压而成的人造板材，传热系数低，保温性能好，草板厚度为60 mm，宽度为1 200 mm，可拼装成单层或双层式，质量仅为黏土砖的1/6~1/8，可大幅减轻结构荷载。草板的制作工艺简单，生产过程不污染环境，同时解决了大量农作物废弃物的处理问题。草板复合墙保温性能好，且轻薄，可扩大建筑面积，节省占地面积，具有节能节地的特点，同时还兼具施工进度快、干作业安装等优点，改善了施工环境，减少了混凝土及砂浆用量，使建筑墙体总造价降低5%~10%。墙体构造可分为普通草板墙和草板夹芯墙（图2-37、图2-38），具有低能耗、低成本、低技术的优点。

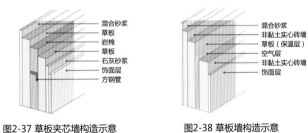

图2-37 草板夹芯墙构造示意　　　图2-38 草板墙构造示意

（7）草砖墙

草砖是以稻草等谷类作物的茎杆为主要原料，经草砖机打压成型的一种新型绿色建材，草砖的制作流程简单，在经过适当的培训后，农民都可操作机器制作。其优点与缺点总结如下，如图2-39所示。

草砖墙的构造设计如图2-40所示。草砖墙的承重构件是框架，屋架的质量由圈梁和柱共同承担，草砖块填充在框架当中不承重，只起保温和围合空间的作用，如图2-41所示。草砖与其他材料连接的位置，要用铁丝网覆盖，加强整体性同时减少表面砂浆层开裂。

草砖墙的防火与防潮。压实的草砖有较好的耐燃性能，但要注意在炉灶和火炕之间需有一定隔离，严禁其直接接触火炕和炉灶。草砖墙的湿度对其保温性能有明显影响，其防潮要考虑两个方面：

垂直面防潮措施主要是挑出屋檐和表面抹灰；水平面防潮措施是顶面铺防潮层，材料可选择油毡或沥青。底面基础要有防潮处理。

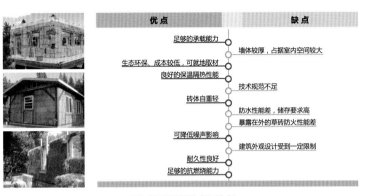

图2-39 草砖墙优点与缺点

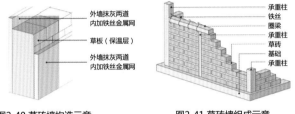

图2-40 草砖墙构造示意　　　　　图2-41 草砖墙组成示意

2.3.3 门窗

1. 门窗分类、组成与作用

建筑围护结构节能是建筑节能的重要组成部分，与其他建筑围护结构不同，建筑门窗兼具绝热（保温、隔热）、隔声、安全防护、采光、观景等复合功能。建筑门窗一般占建筑外墙面积的10%~30%，经过门窗而吸收或损失的热量一般占到建筑总能耗的30%左右。为此在严寒地区村镇建筑设计中，提升建筑门窗的能源有效性是确保整体建筑节能的重要环节。

门通常由门框、门扇、亮子（腰头窗）、五金零件及相关附件组成。窗通常由窗框、窗扇、五金零件及相关附件组成。严寒地区冬季室内外温差大，热冷空气的对流效应可导致结霜结冰，进而使门窗发生形变。在门窗部件的选择上，应选取材料强度高、传热系数低的部件，避免形变发生，延长门窗使用寿命。门窗的分类方式多样，比较常见的是依据门窗材质及开启方式的分类。依据门窗材质可分为：木门窗、钢门窗、塑钢门窗、铝合金门窗、隔热断桥铝门窗、木铝复合门窗等；依据门窗开启方式可分为：推拉门窗、平开门窗、固定窗、悬窗、推拉平开窗、折叠门、推拉折叠门等（表2-15）。

表2-15 门窗开启形式示意

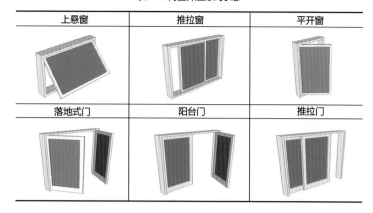

上悬窗	推拉窗	平开窗
落地式门	阳台门	推拉门

2. 门窗热工性能

居住建筑门窗的传热系数，根据建筑所处严寒地区的不同分区区属，应符合表2-16的规定。公共建筑门窗的传热系数，宜根据建筑所处气候分区的区属，符合表2-17规定，如不满足表中规定，必须按照《公共建筑节能设计标准》规定的围护结构热工性能进行设计。

表2-16 严寒地区居住建筑外窗传热系数限值

气候分区		严寒地区A区			严寒地区B区		
围护结构部位		≤3层传热系数 $K/(W·m^2k^{-1})$	4~8层传热系数 $K/(W·m^2k^{-1})$	≥9层传热系数 $K/(W·m^2k^{-1})$	≤3层传热系数 $K/(W·m^2k^{-1})$	4~8层传热系数 $K/(W·m^2k^{-1})$	≥9层传热系数 $K/(W·m^2k^{-1})$
单一朝向外窗窗墙面积比/r	r≤0.2	≤2.0	≤2.5	≤2.5	≤2.0	≤2.5	≤2.5
	0.2<r≤0.3	≤1.8	≤2.0	≤2.2	≤1.8	≤2.2	≤2.2
	0.3<r≤0.4	≤1.6	≤1.8	≤2.0	≤1.6	≤1.9	≤2.0
	0.4<r≤0.45	≤1.5	≤1.6	≤1.8	≤1.5	≤1.7	≤1.8

表2-17 严寒地区公共建筑外窗传热系数限值

气候分区		严寒地区A区		严寒地区B区	
围护结构部位		体形系数≤0.3传热系数 $K/(W·m^2k^{-1})$	0.3<体形系数≤0.4传热系数 $K/(W·m^2k^{-1})$	体形系数≤0.3传热系数 $K/(W·m^2k^{-1})$	0.3<体形系数≤0.4传热系数 $K/(W·m^2k^{-1})$
单一朝向外窗窗墙面积比/r	r≤0.2	≤3.0	≤2.7	≤3.2	≤2.8
	0.2<r≤0.3	≤2.8	≤2.5	≤2.9	≤2.5
	0.3<r≤0.4	≤2.5	≤2.2	≤2.6	≤2.2
	0.4<r≤0.5	≤2.0	≤1.7	≤2.1	≤1.8
	0.5<r≤0.7	≤1.7	≤1.5	≤1.8	≤1.6

3．节能效果比较

（1）窗框材料选择

目前，得到广泛使用的窗框材料一般有木材、铝合金、PVC塑钢三种。这三种材料可以互相结合，如铝木复合、铝塑复合等。

木窗 木材是天然的保温隔热材料，由于其独特的可再生性，木窗集节能、环保、可持续多种特征于一身。但是，由于木材的可燃

性，木门窗防火性能较差。目前我国木门窗所占的市场份额极低，其价格逐年升高，因此木门窗的受众群体相对较少。

铝合金窗 铝合金材料的导热系数较大，保温隔热性能较差，且极易结露。断桥隔热铝合金窗在传统铝合金窗的基础上加以改进，内部采用增强尼龙隔条，阻隔了铝的热传导，提升了窗的保温性、耐腐蚀性与强度，但是防火性低于传统铝合金窗，价格也相对更高。

PVC塑钢窗 PVC塑钢窗一般为多腔式结构，具有良好的隔热性能，其传热性能甚小，保温效果显著，价格较低，但其耐用性较差，塑钢窗与铝合金窗相比各有优势和劣势，见表2-18。

表2-18 铝合金窗框架和PVC塑钢窗框架特点的比较

框架材料	导热系数	价格	受气候影响程度	舒适度	保温隔热防水性能	耐用性	生产耗能
铝合金	大	高	大	一般	一般	不易变形	多
PVC	小	低	小	好	好	易变形	少

（2）窗扇材料选择

为减少建筑物能耗，应选择适宜的窗扇材料，即选择适宜种类的玻璃。目前严寒地区村镇比较常见的节能窗一般包括双玻窗、中空玻璃窗（图2-42）和多层窗三大类（表2-19）。

表2-19 几种常见节能窗玻璃的比较

类别	定义	性能	适用条件	备注
双玻窗	双玻窗是指在一个窗扇上安装两层玻璃，两层玻璃间留有空气	安装简单，用隔条将玻璃板隔开，隔热性能相对较差，易凝霜	适用于严寒地区中低档居住建筑	双玻窗空气层的厚度一般为20 mm
中空玻璃窗	使用两片（或以上）玻璃，用高强度高气密性黏结剂，将玻璃片与铝合金框黏结而制成的高效能隔音隔热玻璃	其保温性、隔热性、隔声性优于普通的双层玻璃。此外，中空玻璃还拥有较强的抗水汽渗透能力和防渗性	适用于严寒地区大部分的居住建筑及小型公建等	可以根据需求选取不同种类的玻璃片，如低辐射玻璃（图2-43）
多层窗	由两道或以上窗框和两层或以上多层中空玻璃组成的节能窗	其隔声隔热、保温效果优于双玻窗及中空玻璃窗，价格偏高	适用于严寒地区的大型公建、高级公寓等	—

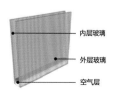

图2-42 中空玻璃构造图

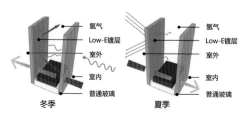

图2-43 低辐射Low-E玻璃工作原理

（3）门的选择

建筑物外门的热阻一般介于外墙和窗之间，因此保温性能较外墙更好，较窗户更差。表2-20是几种常见门的传热系数，其中保温门的传热系数最小，性价比较高。同时，外门的开启次数较窗户而言更高，致使门缝的空气渗透度远高于窗户，更易发生形变，而木制门和钢制门发生形变的概率更大，在严寒地区不宜过多使用。

表2-20 几种常见门的热阻和传热系数

材料	热阻/（m²·K·W⁻¹）	传热系数/（W·m⁻²·K⁻¹）	备注
木夹板门	0.37	2.7	双面三夹板
金属阳台门	0.156	6.4	——
铝合金玻璃门	0.164 0.156	6.1 6.4	3~7 mm厚玻璃
不锈钢玻璃门	0.161 0.150	6.2 6.5	5~11 mm厚玻璃
保温门	0.59	1.70	内夹30 mm厚保温材料
加强保温门	0.77	1.30	内夹40 mm厚保温材料

4. 最终结果

按照经济条件对现有村镇进行划分，在窗框材料的选择方面，经济条件较好的村镇可选择断桥铝合金窗框，经济条件一般的村镇可以选择PVC塑钢窗框。门扇材料（玻璃）选择方面，经济条件较好的村镇可以选择Low-E中空玻璃窗，经济条件一般的村镇可以选择双玻窗。外门选择方面，经济条件较好的村镇可以选择加强保温门，经济条件一般的村镇可以选择保温门（表2-21）。

表2-21 严寒地区村镇建筑门窗推荐

节能门窗分项标准	村镇类型（依据经济条件分类）	
	经济条件较好村镇	经济条件一般村镇
窗框材料	断桥铝合金	PVC塑钢
窗扇材料	Low-E中空玻璃窗	双玻窗
外门	加强保温门	保温门

5. 门窗节能设计说明

（1）选择门窗的合理朝向

严寒地区南向冬季的太阳辐射热量最大，在夏季东西向辐射热量大于南向，因此开窗最佳朝向是南向。居住建筑外窗面积不宜过大，南向宜适当采用大窗，北向宜采用小窗，山墙最好不设外窗。

外进户门应设置在能够避免被冬季寒风直接吹到的位置，因此宜将外进户门设在房屋的南侧。如果由于条件所限必须将外进户门设置在北侧，则可于北入户处加设门斗，形成室内空间与室外空间之间的缓冲空间，减少热量的散失。

（2）控制合理的窗墙比

窗墙比是指不同朝向上的窗、阳台门和透明部分的总面积与所在朝向建筑的外墙面的总面积（包括该朝向上的窗、阳台门和透明部分的总面积）之比，是建筑设计和建筑热工节能设计中常用到的一种指标。居住建筑的窗墙比应符合《严寒和寒冷地区居住建筑节能设计标准》（JGJ 26—2010）中的规定。公共建筑的窗墙比应符合《公共建筑节能设计标准》（GB 50189—2005）中的相关规定，需要特别注意的是，当任何方向的窗墙比小于0.40时，玻璃或其他透明材料的可见光透射比不应小于0.40（表2-22）。

表2-22 严寒地区窗墙面积比

朝向	严寒地区居住建筑窗墙比	严寒地区公共建筑窗墙比
北	≤0.25	≤0.70
东西	≤0.30	≤0.70
南	≤0.45	≤0.70

（3）选择形状与位置合理的窗口

在窗口面积相同的情况下，窗口的形状和位置会对进入室内的光通量在室内空间的分布产生影响。正方形窗口的光通量最高，其次是竖向长方形，横向长方形光通量最少，但其在宽度方向上照度均匀性好。在窗台高度不变的情况下，提升窗上沿的高度，窗口面积增大，室内各点照度均上升（图2-44）。

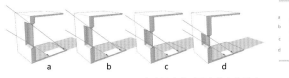

图2-44 窗上沿高度对照度分布的影响

（4）选择开启方式合理的窗

窗按照开启方式的分类有推拉窗、平开窗、固定窗、悬窗、转窗等。窗的开启方式选择常常跟当地的气候特点密切相关。平开窗开启方式简单，安装维修都较为便捷，通风面积在开启几种方式中最大。关闭平开窗时，橡胶密封条受挤压所产生的形变可以使窗紧密封闭，隔音、隔热、保温性能都较好，适宜在严寒地区推广。

（5）注重窗口的遮阳设计

遮阳设施宜根据气候特征、经济技术条件、房间使用性质等综合因素，满足夏季遮阳、冬季采光、自然通风的效果。建筑遮阳可以分为内遮阳、外遮阳、中间遮阳三种形式。外遮阳将太阳辐射直接阻挡在室外，节能效果最理想。外遮阳按照遮阳构件的安装位置不同，可分为水平式、垂直式、综合式、挡板式四种基本形式。水平式遮阳适用于太阳高度角较大的地区，可以有效抵挡直射阳光，包括北回归线以北地区南向及接近南向的窗口和北回归线以南地区的南向及北向窗口。水平遮阳有实心板、百叶板多种形式（图2-45）。实心板可以考虑其出挑的长度、位置；百叶板可以考虑其角度、间距等，这样可以满足夏季遮阳、冬季透光的需求。

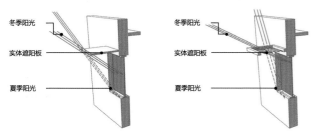

图2-45 水平遮阳板工作原理

2.3.4 其他

1. 火炕

（1）火炕的构造与材料

火炕设施的基本构造由三部分组成：一是用于炊事并向火炕提供热源的炉灶部分；二是火炕主体部分，主要包括炕面、炕洞、进（排）烟口、落灰膛、反风洞、迎火石等，依靠炊事时燃烧柴草和煤产生的热量提高自身温度，按照火炕内布置的烟道流动，提高炕面的热量，最后通过对流换热和辐射换热的形式由炕面向卧室提供热量；三是排烟的烟囱，通过热压作用使烟气沿着烟囱自然上升，形成一定的抽力，促进烟气在火炕内的流动，同时将影响室内环境质量的气体排至室外。每个部分之间并不是孤立存在的，一架火炕设施只有各部分的有机结合才能保证其优良性能。

炕体的高度依据人体工程学原理设定，其设计需要既有利于人的活动，又能促进烟气流动和热量传递，一般高出室内屋面650~700 mm。在严寒地区农村，炕面的宽度一般为2.0~2.5 m，长度一般与卧室宽度相同，由于文化习俗不同，部分少数民族也出现了特殊的炕体形式，如满族的"万字炕"、朝鲜族的"满铺炕"等。随着家庭人口数量的减少和生活习惯的变化，部分地区也在根据生活经验和需要对炕体的尺寸进行改造。

严寒地区的火炕建造材料要满足功能、构造和经济的要求，最常见的为土坯、砖、石头或钢筋混凝土板等，这些材料既具备良好的传热、蓄热性，又有一定的机械强度和坚固程度，并且可以就地取材、价格便宜、缩短运输距离。

（2）火炕形式与绿色化分析

火炕是严寒地区村镇居民必备的生活设施，由于特殊的地理位置和自然条件，其使用历史悠久，在不断的发展变化过程中，它充分体现出民众的生存智慧，维系着严寒地区村镇居民的地域认同感。火炕供暖系统形式和搭建特点在各地区不尽相同，根据火炕结构特点，严寒地区火炕的常见形式有落地炕、火墙式火炕、火炕结合热水供暖火墙、节能型吊炕、架空炕和太阳炕等（表2-23）。不同形式的火炕适应不同的房间类型，其散热效果、舒适性、能源利用效率、建造成本及使用寿命存在较大差异，如传统落地炕蓄热性强，散热持续时间长，但散热强度低，适合热负荷小且需要持续供暖的房间；而火墙式火炕充分利用火炕的蓄热性和火墙的即热性，取长补短，适合严寒地区热负荷大且需要持续供暖的房间。

表2-23 火炕的结构与特点

火炕形式	建造材料	技术先进性		经济合理性		操作可行性	
		环保	节能	建造投资	使用寿命	资源耗用	工艺难度
落地炕	砖和土坯或混凝土板	烟气含有SO$_x$、CO、CO$_2$等气体	热量随排烟损失约20%，综合效率45%	建造费用约280元，材料造价和运费较低	落地炕的强度不高，使用寿命短	秸秆、茅草及少量煤为燃料，耗费能源较多	炕体构造简单，易于施工操作
火墙式火炕	砖、混凝土板、黄泥和苯板等耐火保温材料	减少炊事对室内空气品质的影响	燃料利用率高，年约节燃料900元	造价高于普通火炕，费用约350元	建造材料耐火保温，使用寿命长	利用秸秆、稻草和树皮等生物能源	内部构造复杂，提高施工难度
火炕结合热水供暖火墙	火炕材料加钢制集热器、PPR水管	烟气含有SO$_x$、NO$_x$、CO和CO$_2$等有害气体	加入热水系统，火炕的辐射散热比例提高	运费较低，建造费用约550元	使用寿命一般长于传统火炕	秸秆、柴草和树皮等生物能源	易于施工操作
高效节能架空炕	石板、混凝土、和黏土沙	有害气体的排放量减少	供热综合效率可达到75%	石板来源受限	使用寿命较长	秸秆、树皮等生物能源	与落地炕相比，较为复杂
节能型吊炕	砖、钢筋混凝土板	烟气中含SO$_x$、NO$_x$、等有害气体	增大炕的散热面积，提高能源利用	造价低廉，建造费用约为280元	使用寿命一般长于传统炕	秸秆、柴草和树皮等生物能源	与落地炕相比，较为复杂
太阳炕	混凝土预制板、泡沫水泥植物纤维复合板、热水盘管	避免了燃料燃烧产生烟尘和灰烬	能源利用率达90%，节约大量燃煤费用	造价较高，一次性建造费约1000元	使用寿命长，可达30年以上	主要能源利用太阳能，辅以沼气	操作比较容易，施工量小

（3）节能火炕类型与说明

A. 火墙式火炕

火墙式火炕是新型节能炕，它将普通落地炕进行了结构优化，在烟道内加设了火墙结构使得单烟道变为双烟道。该新型火炕的结构主要包括炕面、炕洞、烟道、火墙以及锅灶。火墙与室内的换热壁面即为火炕的炕墙，而且火墙拥有独立的燃烧室，解决了用锅灶采暖时炕热而室内温度低的问题，达到理想的采暖效果。在寒冷的冬季采用火墙采暖可以迅速将室内温度升高，克服了单用锅灶采暖时间长、耗材多浪费燃料的弊端（图2-46）。

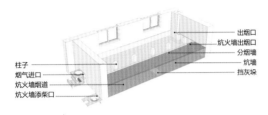

图2-46 火墙式火炕示意图

B.火炕结合热水供暖火墙

在火墙式火炕的基础上，将火炕与散热器相结合，构成热水供暖火墙系统（图2-47）。对原有火墙结构进行改进，在火墙燃烧室正上方加设集热器，在房间中布置散热器，保证炕房室内热环境舒适的前提下，根据土暖气原理，利用农村地区充足的生物质能源解决无炕、无火墙房间的供暖问题，从而解决整栋住宅的供暖问题。

热水系统加入后，能够将火墙的部分热量转移到其他房间，从而使炕面温度更加均匀，提高了火炕的热舒适性，降低了炕前墙的温度，减少了炕墙的高温区域，降低了炕墙的散热比例，提高了炕墙的使用安全性。除此之外，火炕整体的辐射散热比例略有提高，占到火炕总散热量的70%左右；单烧火墙与同时烧灶和火墙的供热效果几乎完全一致。

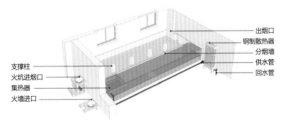

图2-47 火炕结合热水供暖火墙示意图

C. 节能型吊炕

传统的火炕搭建在地面上，散热面小，炕洞过高（地面距离炕面的高度很大）要耗费较多的能源才能把炕烧热，而节能型吊炕的做法是将炕整体架空，距地面20 cm左右，用混凝土板作为底板，下面用砖叠砌支撑（图2-48）。这种做法的优点在于：一是降低了炕洞的高度，使热量集中，并增大了炕的散热面积，其炕灶综合热效率由过去的45%左右提高到70%以上；二是这种做法符合空气动力学原理，炕内宽敞排烟通畅，柴禾能更充分地燃烧，消除滞烟现象；再者，炕温能做到按季节所需调解，温度适宜，而且外形美观，炕下可以作为储藏空间，使室内空间简洁、卫生。

吊炕能将炕连灶燃烧燃料产生的能量充分利用，通过热能封闭循环和增加炕体供热表面积而实现热供暖，增加室内的温度。四面散热，比旧式火炕热能利用率高，减少温室气体排放量，解决了夏季阴雨、湿度大、气压低和长时间炕灶停火而出现的回烟问题，提高农民生活质量，促进生态、社会和经济三大效益的协调发展。

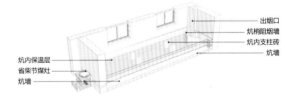

图2-48 节能型吊炕示意图

D.太阳炕

太阳炕系统将传统的火炕建造理念与太阳能低温地板辐射采暖技术结合，由太阳能作为主要能源，辅以沼气等其他辅助能源，通过敷设于炕体中的盘管加热炕面，利用辐射和对流对房间进行供暖。在保留传统火炕采暖舒适性好等优点的同时彻底克服了其存在的缺点，并增加了生活热水供应等新的功能（图2-49）。

太阳炕系统将太阳能集热技术、低温地板辐射采暖技术及相关配套技术通过管路和阀门的设置有机结合，实现了采暖及生活热水双联供，保证了系统冬、夏季合理运行。系统主要由太阳能集热器、太阳炕、蓄热水箱、辅助热源及相应的管路和控制设备组成。太阳能集热器为系统收集太阳能，使用高效率的真空管或热管集热器，以尽快地获得较高的水温，减少系统反应时间，在日出后尽快为房间提供采暖；太阳炕作为系统的放热部件，将太阳能集热器和辅助热源提供的热量通过对流和辐射的形式释放到室内，根据使用要求的不同可对整个房间提供采暖或仅对太阳炕本身提供采暖；蓄热水箱作为系统的蓄热部件，可以将太阳能集热器收集的多余热量储存起来，供夜间使用。同时，也作为生活热水供应的蓄水箱。

数量和最小宽度都有明确规定。楼梯是建筑中的小建筑，它体量相对较小，结构形式相对简单，其造型往往根据实际使用需求而定。楼梯还起着丰富空间层次和使空间连续的作用，通过在造型上采用不同的构成方式，可以与其他空间形成对比和呼应。

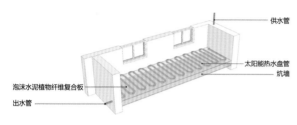

图2-49 太阳炕示意图

2. 楼梯

楼梯是建筑物中作为楼层间交通用的构件，是解决垂直交通的主要方式，楼梯由连续梯级的梯段（梯跑）、休息平台和围护构件（扶手）等组成。楼梯按梯段可分为单跑楼梯、双跑楼梯和多跑楼梯，其平面形状有直线型、折线型和曲线型（表2-24）三种。在严寒地区村镇，楼梯的材料一般为木材、金属、钢筋混凝土或三种材料混合而成，在民用建筑和公共建筑中，相关设计规范对楼梯的

表2-24 楼梯形式

楼梯形式	楼梯平面	楼梯示意
L型带平台楼梯 该类型楼梯可以设计成长短跑踏步级，同样可以在任意转换方向的位置上设置休息平台		
L型带斜踏步楼梯 斜踏步利于压缩空间，利用楼梯转角的平台增加带角度的踏步级，同时要符合相关的设计规范		
L型偏离式斜踏步楼梯 偏离式斜踏步楼梯空间更广，同时要符合相关的设计规范		
U型带休息平台楼梯 也称为双跑楼梯，即回转后与上升方向一致，在紧张的平面空间中作为交通组件是很有用处的		
U型带斜踏步楼梯 斜踏步有助于压缩空间，利用楼梯平台增加带角度的踏步级		

第3章 严寒地区村镇绿色建筑范例

GREEN BUILDING EXAMPLES OF VILLAGES AND TOWNS IN THE COLD REGION

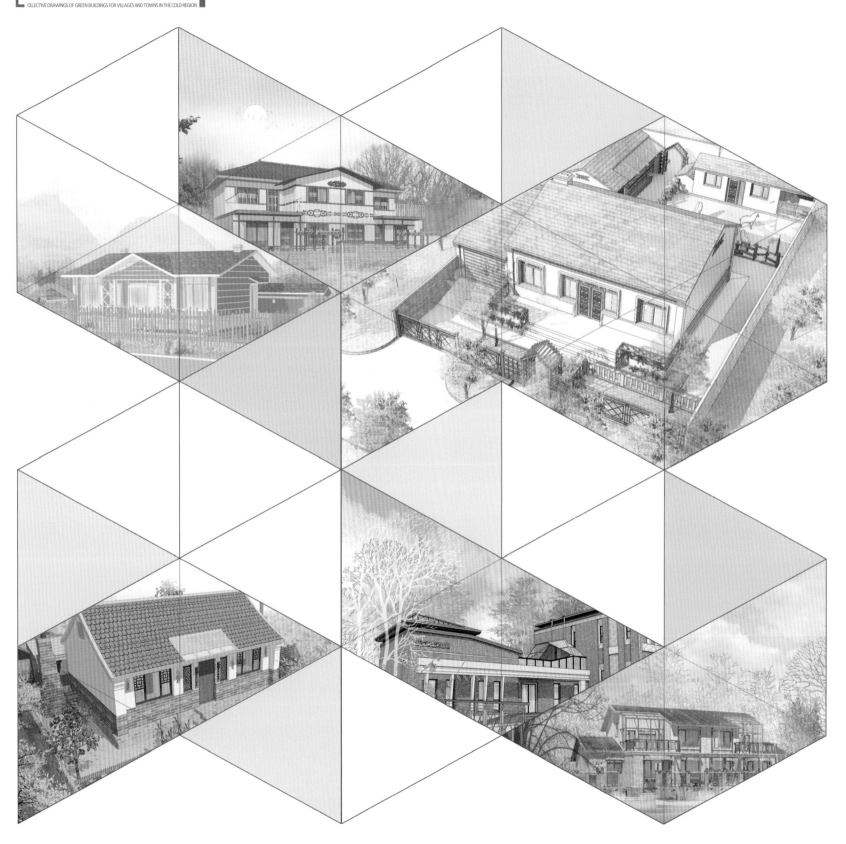

3.1 严寒地区村镇居住建筑范例

RESIDENTIAL BUILDING EXAMPLES OF VILLAGES AND TOWNS IN THE COLD REGION

3.1.1 普通居住建筑

1. 普通居住建筑范例一

■ 设计说明

　　设计在充分考虑严寒地区气候特征的基础上，继承传统农村住宅的优良之处，秉承以人为本、经济适用、舒适节能的设计精神，依据就地取材、经济适宜的原则，充分利用可再生能源，选择符合地域与气候特征的低能耗建造材料进行房屋建造，打造低成本、高舒适度、绿色化的新型农村住宅。

　　在平面布局中，卧室、起居室等主要活动空间布置在建筑南向，设置阳光间将阳光引入室内，设置特朗布墙吸收太阳辐射热，提升室内温度，保证常用空间日照需求的同时满足一定的供暖需求。在立面设计中，南向阳光间采用全玻璃构造，形成通透、现代的视觉感受，玻璃罩冬季安装，夏季拆卸，操作简便，可满足不同季节的使用需求。在院落设计方面，采用前侧院布局模式，将生产区布置在侧院，菜地、养殖空间相连，保证菜地空间与养殖空间具有充足的日照，将生活区布置在前院，环境优美，院落整体有利生产、方便生活。

技术经济指标

户型	两室两厅
总用地面积	316.0 m²
建筑面积	91.0 m²
使用面积	69.5 m²
使用面积系数	0.76
附属建筑面积	22.0 m²
建筑造价	6.5万元

■ 院落设计与分析

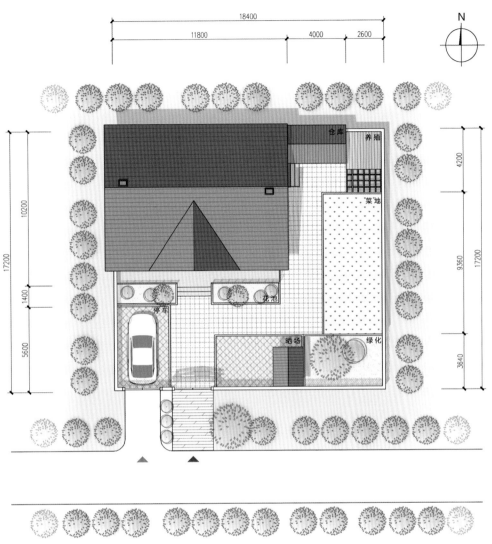

院落平面图

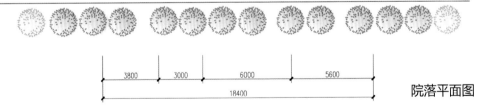

院落功能分析 院落流线分析 院落活动分析

院落设计说明

院落占地面积316 m²，尺度亲切，布局紧凑，规模适宜。采用前侧院式院落布局形式，形成的前院作为生活庭院，进行停车、绿化、交往、休闲、晒谷等活动，形成的侧院作为生产庭院，进行养殖、杂物储藏、种植等活动，形成明确合理的院落功能分区。院落设计充分考虑农民的生产、生活特点，布置大面积菜地空间，并将养殖空间与菜地空间相邻布置，形成院落生态微循环系统，延续传统农村院落的生态功能。同时，在住宅周边设置花池，在院落东南角设置绿化空间，既有利于地下水的涵养，又有助于美化院落环境，营造赏心悦目的乡村生活环境，展现新农村整洁、美观、大方的风貌。

	居住	仓储	种植	养殖	绿化	硬质铺地	合计
面积/m²	113.0	29.0	38.0	10.0	38.0	88.0	316.0
比例/%	35.8	9.2	12.1	3.1	12.0	27.8	100.0

院落生态循环模式

院落由居民、花草树木、家禽家畜等生物和自然环境两大部分组成，同时与外界进行物质能量交换，形成资源循环多级利用模式，通过合理利用资源提升院落的生态价值。

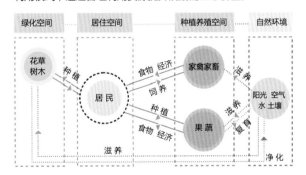

院落透视图

住宅入口

晒场

院门

菜地

■ 建筑设计与分析

空间设计与热能耗需求

住宅设计主要考虑三部分空间的设计，即卧室、客厅和餐厅等核心空间，卫生间、厨房等辅助空间，阳光间、储藏间等过渡空间，不同空间的热能耗需求不同，其中，卧室应该尽量保持热稳定性。

住宅户型配置为两室两厅，建筑面积90 m²，适于严寒地区中等经济水平农户两代之家居住。建筑形体方整，利于节能保温；平面布局紧凑，功能合理，分别设置卧室、客厅、餐厅、厨房、卫生间和储藏间。建筑南侧阳光间和东侧入户门斗有效避免了寒风的侵入，成为良好的保温屏障；客厅和卧室布置于建筑南向，有利于自然采光；主次卧室设置斜向墙面，开设斜向窗，可增加阳光入射量，在白天获得较为持续的采暖。建筑立面造型简洁明快，富有现代气息。

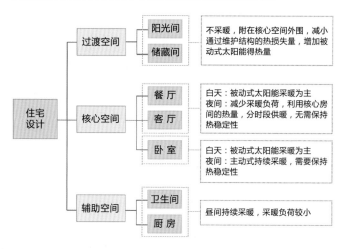

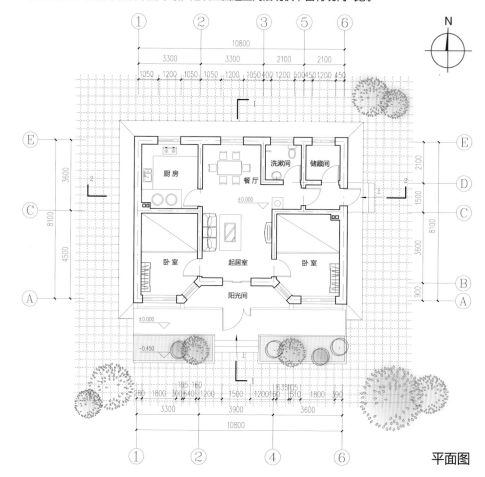

平面图

冷热分区与风环境分析

卧室、客厅等起居空间布置于住宅南向，门斗等缓冲空间布置在房间外围；门窗对位布置，引导自然通风，形成合理的室内风环境。

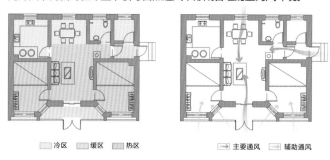

东立面图

北立面图

■ 建筑绿色化设计研究

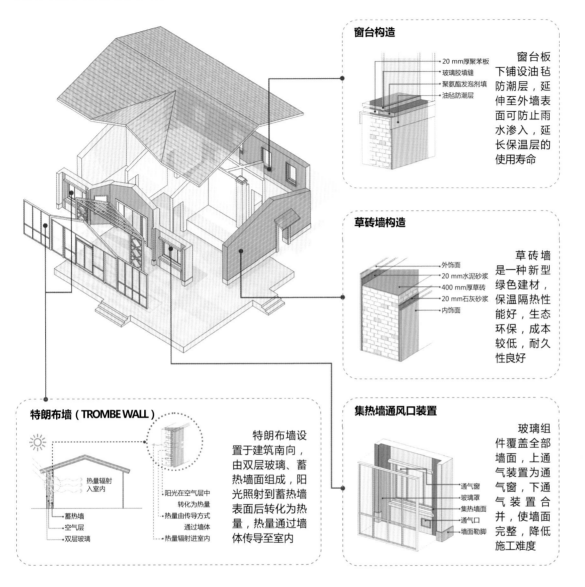

窗台构造

— 20 mm厚聚苯板
— 玻璃胶填缝
— 聚氨酯发泡剂填
— 油毡防潮层

窗台板下铺设油毡防潮层，延伸至外墙表面可防止雨水渗入，延长保温层的使用寿命

草砖墙构造

— 外饰面
— 20 mm水泥砂浆
— 400 mm厚草砖
— 20 mm石灰砂浆
— 内饰面

草砖墙是一种新型绿色建材，保温隔热性能好，生态环保，成本较低，耐久性良好

特朗布墙（TROMBE WALL）

热量辐射入室内

蓄热墙
空气层
双层玻璃

阳光在空气层中转化为热量
热量由传导方式通过墙体
热量辐射进室内

特朗布墙设置于建筑南向，由双层玻璃、蓄热墙面组成，阳光照射到蓄热墙表面后转化为热量，热量通过墙体传导至室内

集热墙通风口装置

— 通气窗
— 玻璃罩
— 集热墙面
— 通气口
— 墙面勒脚

玻璃组件覆盖全部墙面，上通气装置为通气窗，下通气装置合并，使墙面完整，降低施工难度

建筑选址朝向选择

建筑采用一字型布局，按照当地最佳朝向或适宜朝向进行选址建造，充分利用南向太阳辐射。

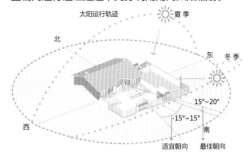

太阳运行轨迹   夏季
北
东   冬季
西   南
15°~20°
-15°~15°
适宜朝向   最佳朝向

建造过程示意

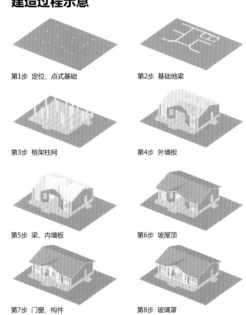

第1步 定位、点式基础   第2步 基础地梁

第3步 框架柱网   第4步 外墙板

第5步 梁、内墙板   第6步 坡屋顶

第7步 门窗、构件   第8步 玻璃罩

建筑剖面图

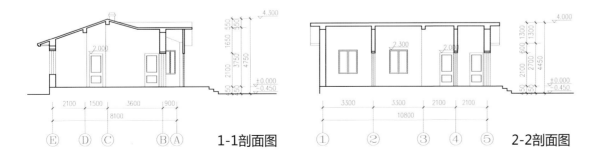

1-1剖面图

2-2剖面图

绿色化设计说明

农村地区太阳能资源丰富，住宅充分利用该清洁能源，在建筑南向客厅入口处设置附加式阳光间，在两侧卧室处设置集热墙系统特朗布墙，可在白天充分吸收太阳能辐射，提升室内温度水平。

住宅以草砖作为主要建造材料建造而成，承重结构为框架式结构，主要保温材料为草砖块。草砖由小麦、稻草、玉米等植物稻杆压制而成，原料均属可再生资源，在农村地区来源广泛、价廉易得；具有会呼吸的特性，有利于居住者的身心健康；其制造能耗仅为黏土砖的5%左右，绿色环保；施工工艺简单，建造成本低，适于在农村地区推广。

2. 普通居住建筑范例二

■ 设计说明

设计充分考虑新时期农村居民的居住与生产、生活需求，结合严寒地区农村院落、住宅的现状情况对农村居住环境进行针对性优化提升，并根据农村建设实际条件提出适宜的绿色建筑技术，以供实际工程参考。

在平面布局方面，采用三开间布局形式，延续农村民居中餐厅与客厅合二为一的习惯，以起居室为核心，组织各功能房间，进行合理的冷热分区、洁污分区以及动静分区。在立面造型方面，通过门斗、廊架创造出具有变化的建筑形体，廊架可用作植物攀爬和谷物悬挂，冬季搭设挡风门廊等功能使用；立面选用红色、黄色作为主要色彩，营造欢快、明媚的视觉感受。在庭院布局方面，采用前院式布局，住宅建筑坐北朝南布置，晾晒空间布置在南向，绿化空间布置在西向，附属房舍布置在西北角，营造舒适的微气候环境。院落布局紧凑，缩小交通空间，减少闲置用地，在满足国家和地方宅基地用地标准的前提下，集约高效地利用院落空间。

技术经济指标

户型	两室一厅
总用地面积	250.0 m²
建筑面积	90.0 m²
使用面积	71.5 m²
使用面积系数	0.79
附属建筑面积	63.0 m²
建筑造价	5.8万元

■ 院落设计与分析

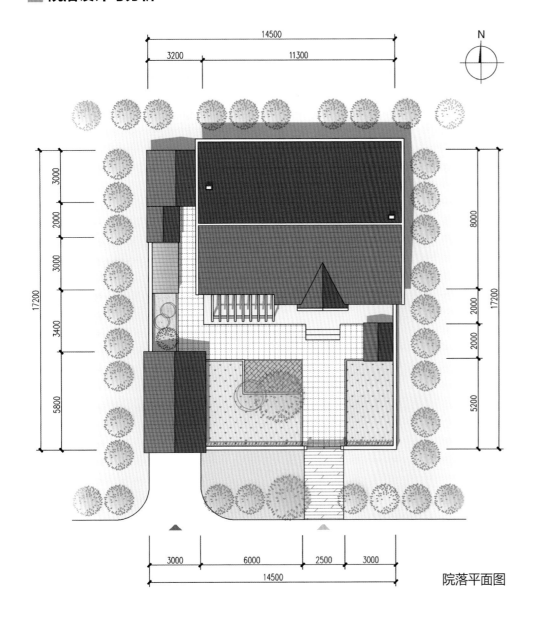

院落平面图

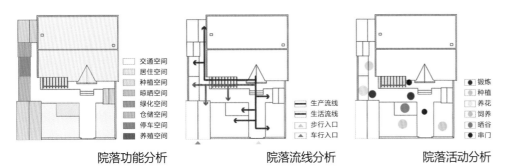

院落功能分析　　　　院落流线分析　　　　院落活动分析

图例（院落功能分析）：
交通空间
居住空间
种植空间
晾晒空间
绿化空间
仓储空间
停车空间
养殖空间

图例（院落流线分析）：
━ 生产流线
━ 生活流线
▲ 步行入口
▲ 车行入口

图例（院落活动分析）：
● 锻炼
◎ 种植
◉ 养花
◐ 饲养
● 晒谷
● 串门

院落设计说明

　　坐北朝南的前院式院落是严寒地区典型的农村院落形式之一，院落占地面积250 m²，布局紧凑，适应农村地区的节地需求；住宅建筑、仓库和养殖空间集中布置在院落的西北角，车库布置在院落的西南角，有助于阻挡冬季寒风，形成良好的保温效果，提升院落的气候防御能力；南向布置菜地空间，充分利用阳光，促进作物的生长，同时美化院落环境；养殖空间与生活空间分区布置，流线分离，形成健康舒适的院落环境。

	居住	仓储	种植	养殖	绿化	硬质铺地	合计
面积/m²	95.0	24.0	33.0	5.0	7.0	86.0	250.0
比例/%	38.0	9.6	13.2	2.0	2.8	34.4	100.0

院落气候适应性分析

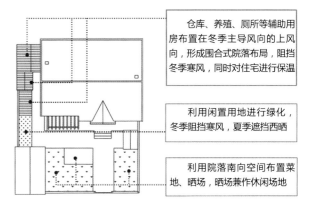

仓库、养殖、厕所等辅助用房布置在冬季主导风向的上风向，形成围合式院落布局，阻挡冬季寒风，同时对住宅进行保温

利用闲置用地进行绿化，冬季阻挡寒风，夏季遮挡西晒

利用院落南向空间布置菜地、晒场，晒场兼作休闲场地

院落透视图

东部透视图

南部透视图

建筑设计与分析

住宅空间活动组织分析

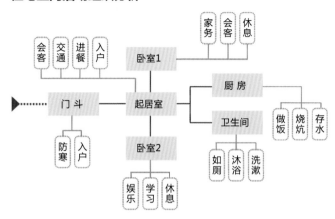

住宅户型配置为两室一厅，建筑面积90 m²，定位为经济适用型农宅。建筑形体规整简单，体型系数小，有助于减少热量损失。平面设计在农村传统"一明两暗"式住宅格局基础上进行优化，室内功能分区明确，内部空间开敞，适应农民因生活水平提高而带来的居住习惯变化；建筑南侧入户门斗有效减少了因开门而引起的热损耗；卧室、起居室布置在建筑南向，厨房、卫生间布置在建筑北向，使住宅在热工性能上趋于合理。立面造型融入廊架，使住宅形象生动活泼，富有变化。

厨卫空间分析

● 卫生间设施数量与布置

设施	数量
洗面池	1
坐便器	1
淋浴器	1

预留坐便器空间，待远期排水设施完善后安装使用

结合给水设施布置洗面池和淋浴器，形成独立的卫生间

● 厨房设施数量与布置

设施	数量
洗涤池	1
操作台	2
炕连灶	2
燃气灶	1
炉灶	1
水缸	1

布置燃气灶系统

延续农民蓄水的习惯，布置水缸

厨房准备工作多，加大操作台长度

炉灶供暖兼烧水

炕连灶供暖兼做饭

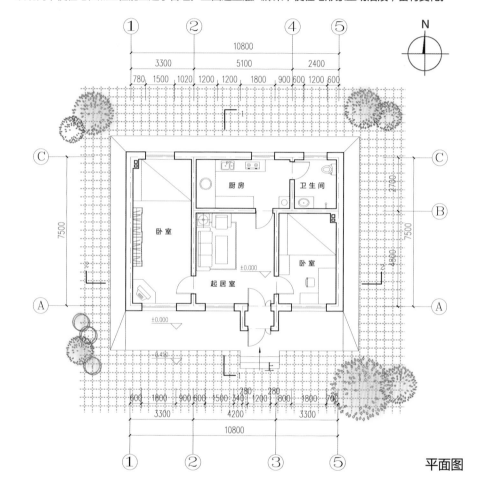

平面图

南立面图

北立面图

■ 建筑绿色化设计研究

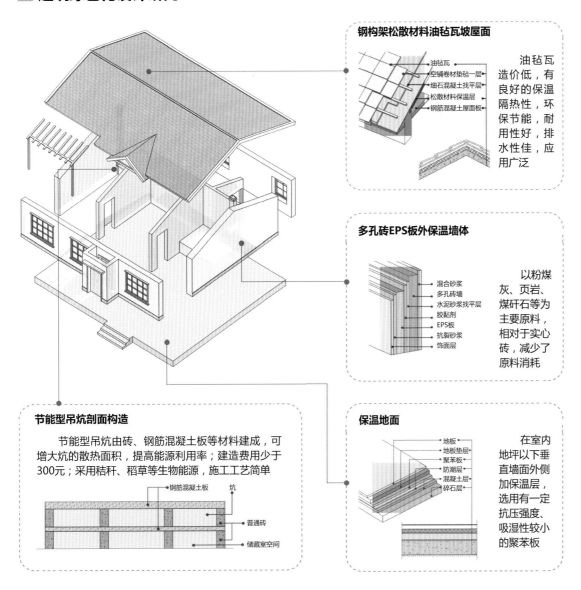

钢构架松散材料油毡瓦坡屋面

油毡瓦
空铺卷材垫毡一层
细石混凝土找平层
松散材料保温层
钢筋混凝土屋面板

油毡瓦造价低，有良好的保温隔热性，环保节能，耐用性好，排水性佳，应用广泛

多孔砖EPS板外保温墙体

混合砂浆
多孔砖墙
水泥砂浆找平层
胶黏剂
EPS板
抗裂砂浆
饰面层

以粉煤灰、页岩、煤矸石等为主要原料，相对于实心砖，减少了原料消耗

节能型吊炕剖面构造

节能型吊炕由砖、钢筋混凝土板等材料建成，可增大炕的散热面积，提高能源利用率；建造费用少于300元；采用秸秆、稻草等生物能源，施工工艺简单

钢筋混凝土板
炕
普通砖
储藏室空间

保温地面

地板
地板垫层
聚苯板
防潮层
混凝土层
碎石层

在室内地坪以下垂直墙面外侧加保温层，选用有一定抗压强度、吸湿性较小的聚苯板

建筑入口防寒性分析

建筑入口直接入户冷风渗透强烈，设置门斗及挡风门廊可有效削减风力，形成舒适的温度梯度。

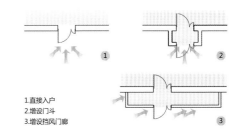

1.直接入户
2.增设门斗
3.增设挡风门廊

冬夏季日照通风分析

在住宅东西北侧一定距离内种植树木，在住宅南侧种植落叶乔木，廊架种植攀爬植物。冬季乔木落叶后，阳光直接射入室内，屋顶廊架增加阳光入射量，周边树木将寒风引至屋顶，减少寒风吹向住宅；夏季，廊架攀爬植物减少阳光射入室内，建筑门窗对位，引导自然通风。

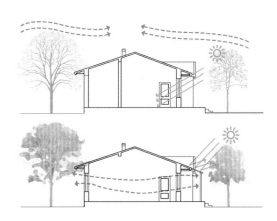

建筑剖面图

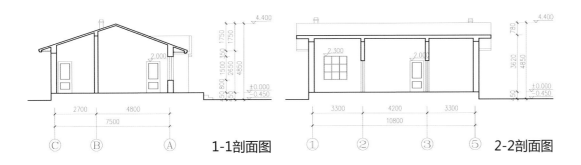

1-1剖面图　　　　　　2-2剖面图

绿色化设计说明

住宅建筑形体紧凑规整，可减少建筑物的总散热面积。建筑入口设门斗，冬季增设挡风门廊，可减少入户热损失。屋顶采用钢构架松散材料油毡瓦坡屋面，保温隔热，经久耐用；外墙采用多孔砖EPS板外保温墙体，保温隔热性能好，同时减轻建筑墙体自重，成本较低；地面铺设聚苯板保温层，减少地面传热损失；采暖选用节能型吊炕，原料清洁，造价低廉，耐久性好，村民认可度高；南向开大窗，选用单框双玻中空塑钢窗，北向开小窗，选用单框三玻中空塑钢窗，山墙不设窗，可增强窗户的保温性能。全部采用自然通风，减少通风损耗。

3. 普通居住建筑范例三

■ 设计说明

　　设计定位于农村舒适型住宅，适于经济条件较好的农户，满足农民随着经济水平提升而追求更高层次生活目标的愿望。结合农村地区的经济发展状况、施工技术条件，因地制宜地选用绿色化建造材料和技术，打造居住舒适、节能环保、健康可持续的新型绿色民居。户型配置为二层三居室，建筑功能及空间完善合理，划分细致，房间宽敞、舒适。主要房间布置在南向，辅助房间布置在北向，为减少冷风渗透和热损耗，入口设置门斗；二层设置阳光室，充分利用太阳能，同时丰富优化冬季室内活动及空间功能。建筑造型简洁大方，色彩搭配雅致，体现新农村的新风貌，外墙采用暖色涂料，为建筑增添暖意。

　　庭院布局方面，生产、生活分区明确，功能完善。院墙由木料、片石等乡土材料建造而成，房前屋后设置果蔬园和经济观赏型绿化，建造花架等农村家庭常用功能性小品，增强宜居性的同时形成良好的视觉环境。

技术经济指标

户型	三室两厅
总用地面积	286.0 m²
建筑面积	143.5 m²
使用面积	113.5 m²
使用面积系数	0.79
附属建筑面积	19.0 m²
建筑造价	10.8万元

■ 院落设计与分析

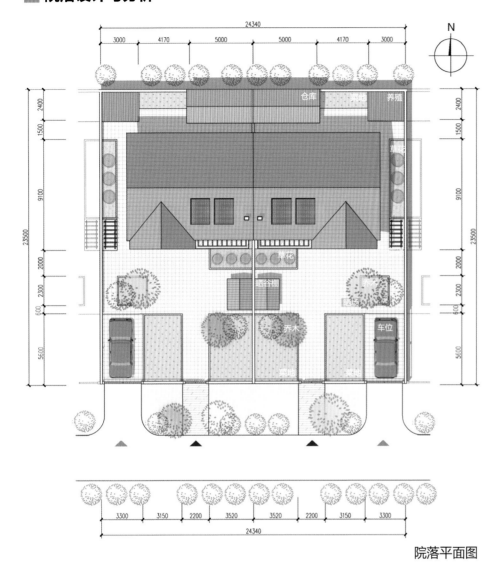

院落平面图

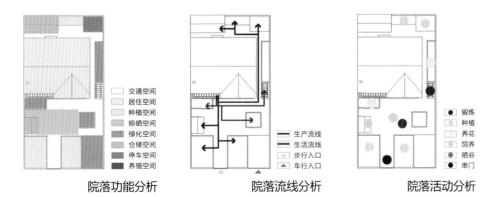

院落功能分析　　院落流线分析　　院落活动分析

院落设计说明

前后院型农村院落是严寒地区最为典型的院落形式之一。鼓励采用联立式院落布局，节约土地的同时增强建筑保温。院落占地面积286 m²，保持合理的庭院规模；采用围合式院落布局，封闭院落西北角，抵御西北寒风，增强院落的气候适应性；院落功能分区明确，仓库、养殖空间集中布置在院落北向，作为生产院，减少对生活区的各项干扰；晾晒空间、菜地、绿化空间布置在院落南向，作为生活院。生产、生活交通流线不交叉。在院落南向和东西向布置绿化空间，配植乡土乔、灌、草植物，调节院落微气候同时美化院落环境；南院布置晒谷棚、停车空间、休息廊架，完善院落各项功能，减少闲置用地，提升院落空间的利用率。

院落功能组合模式

院落主要功能包括种植、晾晒、绿化、仓储、饲养、停车等，不同功能空间的朝向布置要求不同，建议依下表进行选择布局，以优化院落布局朝向。同时列出院落功能组合模式，以供选择。

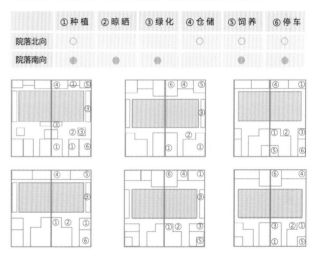

院落透视图

晒场　　　　　　　　休闲场地

养殖空间　　　　　　廊架

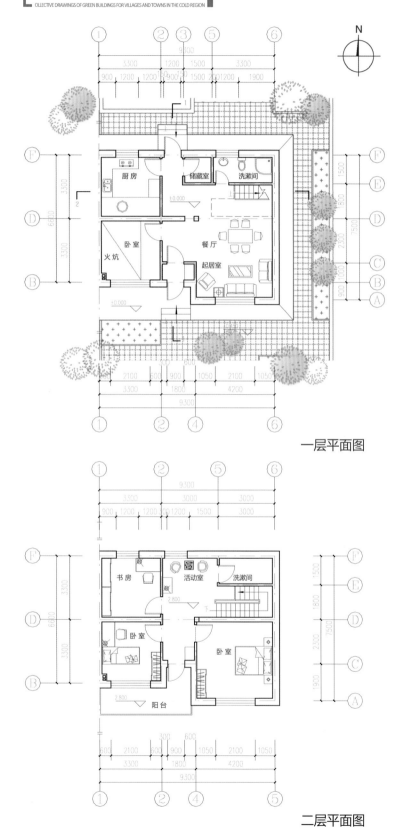

一层平面图

二层平面图

建筑设计与分析

  住宅为二层三居室，建筑面积143 m²，适于严寒地区中等经济水平农户。采用联立式布局，利于保温节能，节材节地。建筑平面规整方正，体形系数小。一层设置门斗进行避风保温，二层设置附加式阳光间进行蓄热保温。将厨房、卫生间、储藏室、书房等辅助房间布置在北向，起居室、卧室等主要房间布置在南向，形成合理的热环境分区，增强对严寒地区的气候适应性。在功能布局方面，一层和二层通过起居室与活动室组织各功能房间，整体分区明确，尺度舒适。

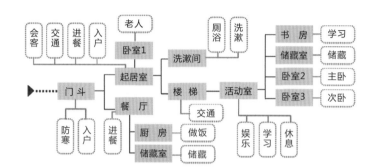

南立面图

北立面图

建筑绿色化设计研究

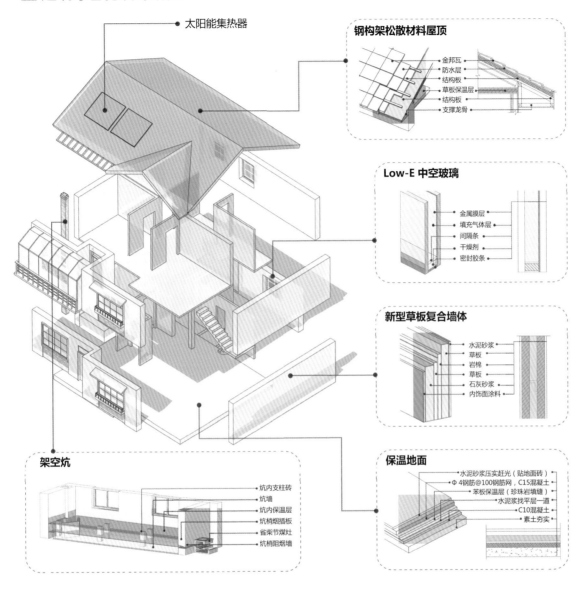

太阳能集热器

钢构架松散材料屋顶

金邦瓦
防水层
结构板
草板保温层
结构板
支撑龙骨

Low-E 中空玻璃

金属膜层
填充气体层
间隔条
干燥剂
密封胶条

新型草板复合墙体

水泥砂浆
草板
岩棉
草板
石灰砂浆
内饰面涂料

架空炕

炕内支柱砖
炕墙
炕内保温层
炕梢烟插板
省柴节煤灶
炕梢阻烟墙

保温地面

水泥砂浆压实赶光（贴地面砖）
Φ4钢筋@100钢筋网，C15混凝土
苯板保温层（珍珠岩填缝）
水泥浆找平层一道
C10混凝土
素土夯实

建筑剖面图

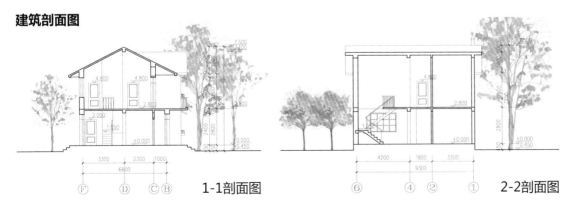

1-1剖面图

2-2剖面图

附加构件设计应用

严寒地区冬季入户处的防寒保温是节能设计的重要内容。利用房门过渡空间、阳光间、简易塑料薄膜等附加构件可有效防止冷风渗透，增强自然采光。构件对策、调节原理和改善指标如下表所示：

构件对策	调节原理	改善指标
房门设置过渡空间	房门不直接对外	防止冷风渗透提高室内温度
南向阳光间	利用太阳辐射	增强自然采光防止冷风渗透
北向简易塑料薄膜存储空间	增强北侧的结构保温	防止冷风渗透

能源资源利用说明

新建住宅尽量使用可再生能源资源，改造更新时，采用再利用或再生利用材料，使资源得到有效循环利用。农村地区盛产稻草、秸秆，是理想的可再生环境友好型材料，作为建筑材料可变废为宝。

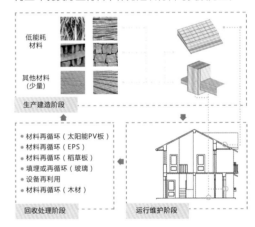

低能耗材料

其他材料（少量）

生产建造阶段

材料再循环（太阳能PV板）
材料再循环（EPS）
材料再循环（稻草板）
填埋或再循环（玻璃）
设备再利用
材料再循环（木材）

回收处理阶段

运行维护阶段

绿色化设计说明

严寒地区农村住宅的建设宜本着因地制宜和就地取材的原则，选用适合当地经济技术条件、可操作性强的建造技术。

严寒地区农村有大量廉价可再生的建材资源，如稻草、草木灰等。本设计采用稻草加工而成的草板作为外墙、屋顶等围护结构的主要保温材料，保温性能好，制作工艺简单，生产过程不产生污染环境的产物，具有低能耗、低技术、低成本的特点。同时综合利用太阳能集热器、附加式阳光间、Low-E中空玻璃、架空炕等绿色化建筑技术，形成一套绿色建筑体系，达到整体全面的节能效果。

4. 普通居住建筑范例四

■ 设计说明

　　设计结合严寒地区气候条件，以农村地区的经济技术条件为基础，遵循农民的生产生活习惯，以人为本，打造实用宜居的新农村居住环境。设计定位于农村康居型住宅，适于中等经济水平农户。

　　户型配置为四室两厅，适合于三代同堂或四代同堂农民居住。建筑功能空间完善合理，尺度宜人舒适，客厅与餐厅连接布置，将现代化生活模式引入民居，延续和发展农村居民的起居习惯。建筑采用坡屋顶，形体舒展生动多变，建筑色彩素雅，简洁大方，体现新农村的现代风貌。院落设计为前后院式，前院以家庭休闲、作物种植为主，同时为农作物设置晒场和储粮装具；后院设有单独出入口，解决农机设备进出、工具存放等功能使用需求，并设置有仓储空间与养殖空间，满足农民特有的生产生活要求。在宅基地与道路过渡场地布设绿化或菜地空间，提升土地利用率，提高院落的经济价值与生态价值。

技术经济指标

户型	四室两厅
总用地面积	290.0 m²
建筑面积	141.5 m²
使用面积	114.5 m²
使用面积系数	0.81
附属建筑面积	23.0 m²
建筑造价	9.8万元

■ 院落设计与分析

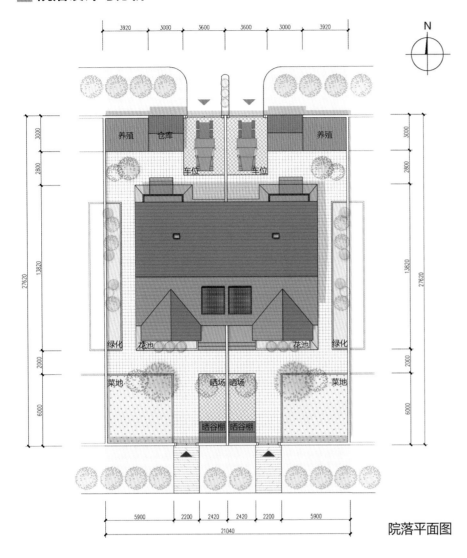

院落平面图

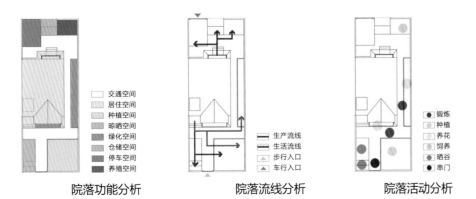

院落功能分析　　　　院落流线分析　　　　院落活动分析

院落设计说明

　　院落占地面积290 m²，采用前后院式院落布局，人行入口设置于院落南侧，车行入口设置于院落北侧；院落结合农民生产生活习惯，整体形成"前院—住宅—后院"的院落功能空间体系。其中，前院主要作为生活院，满足粮食晾晒、休闲、绿化等功能需求；后院主要作为生产院，满足农具储藏、燃料堆放、农机停放等功能需求。充分利用住宅周边空间、前后院交通联系空间进行院落绿化，在宅基地规模有约束的条件下尽可能地营造良好的室外生活空间；绿化品种尽可能选用适宜当地生长的植物，有利于减少后期维护成本，促进院落生态化建设。

院落分区模式解析

　　农村院落分区可分为生活区和生产区，将二者进行适当的分区设置有助于对院落空间的便利使用，减少二者的相互干扰，优化院落的人居环境质量，院落生活、生产分区模式如下：

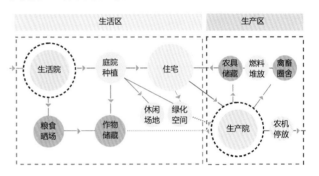

院落优化模式解析

　　通过将空间进行综合利用，如交通空间与绿化相结合、入口空间与绿化种植相结合、花池与雨水收集系统相结合等方式，可提升空间的使用效率，节能节地，进而优化院落空间的利用模式。

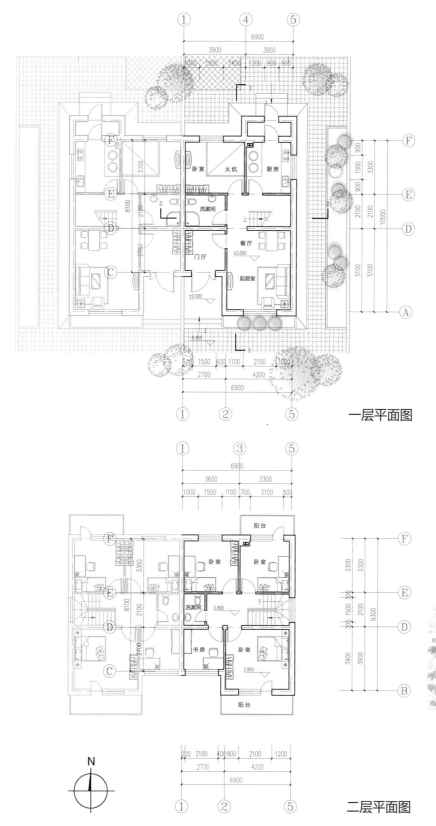

一层平面图

二层平面图

建筑设计与分析

　　住宅为二层四居室，建筑面积为140 m²，适于严寒地区中等经济水平农户三代之家居住。采用联立式布局，邻里之间凭借外墙相连，有利于保温节能；双开间布局有利于节地。一层南北两侧入户处设置门斗，有效防寒保温，南北侧门斗可兼做收藏空间，收纳鞋、雨伞、杂物等，成为室内外过渡空间；平面布局紧凑，交通空间较少，楼梯与各功能空间联系便捷，形成舒适便捷的水平垂直交通联系；起居室与餐厅毗邻设置，形成尺度舒适的家庭空间；住宅通过厨房与后院相联系，适应农村居民的使用需求；立面造型采用双坡屋顶，美观大方且节能环保。

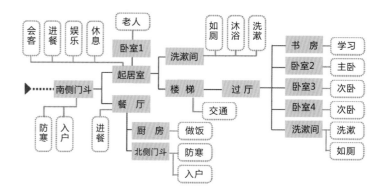

南立面图

北立面图

建筑绿色化设计研究

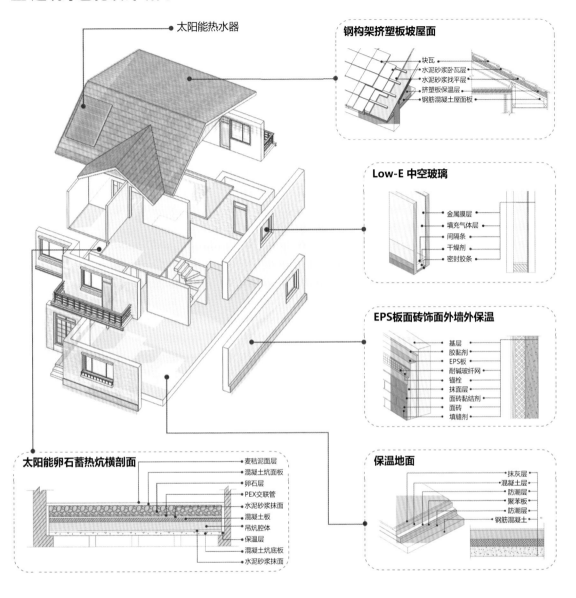

太阳能热水器

钢构架挤塑板坡屋面
- 块瓦
- 水泥砂浆卧瓦层
- 水泥砂浆找平层
- 挤塑板保温层
- 钢筋混凝土屋面板

Low-E 中空玻璃
- 金属膜层
- 填充气体层
- 间隔条
- 干燥剂
- 密封胶条

EPS板面砖饰面外墙外保温
- 基层
- 胶黏剂
- EPS板
- 耐碱玻纤网
- 锚栓
- 抹面层
- 面砖黏结剂
- 面砖
- 填缝剂

太阳能卵石蓄热炕横剖面
- 麦秸泥面层
- 混凝土炕面板
- 卵石层
- PEX交联管
- 水泥砂浆抹面
- 混凝土板
- 吊炕腔体
- 保温层
- 混凝土炕底板
- 水泥砂浆抹面

保温地面
- 抹灰层
- 混凝土层
- 防潮层
- 聚苯板
- 防潮层
- 钢筋混凝土

雨水收集设计

在露台与庭院设置蓄水池,可同时积蓄直接降落的雨水与沿坡屋顶流下的水,增加蓄水量;蓄水可用于植物灌溉、日常洗涤、清洗车辆等。

- 自然降水
- 露台蓄水
- 花池蓄水
- 铺装渗水

宅基地集约利用分步示意

将宅基地控制在合理的规模是农村地区节地的重要措施,在确定标准宅基地范围的基础上,根据农民需求进行宅基地产权登记,组织腾退超标宅基地并变更用地性质,形成"绿色过渡区"。

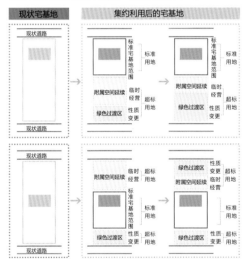

建筑剖面图

1-1剖面图

F E D C B A

2-2剖面图

① ② ③ ⑤

绿色化设计说明

设计外墙采用EPS板面砖饰面系统;屋顶采用钢构架挤塑板坡屋面,挤塑板具有导热系数低、吸水率小和强度高等特点,保温隔热效果好,价格适中。在采暖方面,采用太阳能卵石蓄热炕,辅助传统火炕进行采暖,使能源利用更加清洁,并且改善了火炕热均匀性不足,蓄热能力差等问题,整体易于农民接受。同时,住宅采用太阳能热水系统进行热水的供应;采用Low-E中空玻璃,可以减少热传递;采用聚苯板保温地面,减少室外空气及房屋周围低温土壤影响带来的热损失;采用雨水收集系统,促进水资源的循环再利用,补充地下水。

5. 普通居住建筑范例五

■ 设计说明

　　以传统村镇居民生活习惯及需求为基础，综合考虑绿色生态技术在居住建筑中的应用，营造舒适节能的村镇并联式居住建筑。在保证舒适的前提下减小面宽，以节约土地。尊重居民传统的生产生活习惯，采用低技术的生态策略实现节能减排。以可持续的生态理念充分利用太阳能、植物、农作物残余等可再生能源，实现对室内舒适度的调控，如太阳能热水系统、秸秆吸声内墙等。

　　组团设计方面，每两排住宅间形成东西向人行景观道，形成半公共庭院，供组团内居民游憩使用。每组半公共庭院及住宅间布置条形公共绿地，丰富景观层次，优化微气候环境。平面设计方面，户型平面的布置以舒适、实用、符合居民生活习惯为设计原则，所有功能房间均保证充足阳光照射，根据村镇居民的生活特点，适当扩大厨房面积，并且设置通向北侧院的外门，便于与北侧院联络。

技术经济指标

户型	五室两厅
总用地面积	335.0 m²
建筑面积	174.3 m²
使用面积	133.2 m²
使用面积系数	0.76
建筑造价	15.2万元

■ 组团设计与分析

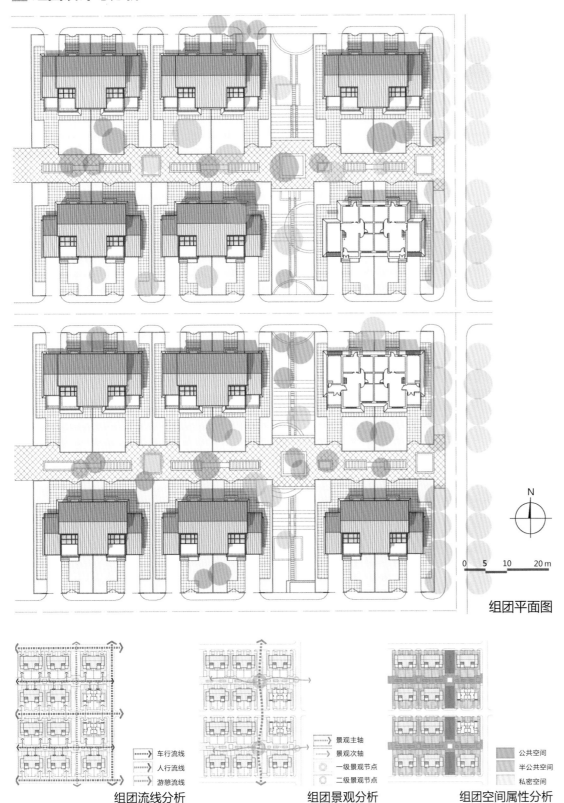

组团平面图

N

0 5 10   20 m

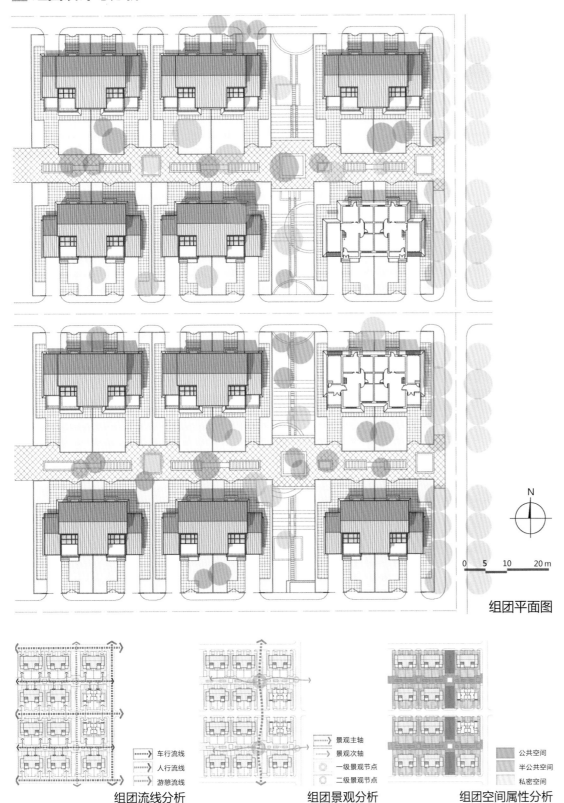

组团流线分析　　　　　　组团景观分析　　　　　　组团空间属性分析

车行流线
人行流线
游憩流线

景观主轴
景观次轴
一级景观节点
二级景观节点

公共空间
半公共空间
私密空间

组团设计说明

　　引用传统"合院"的居住模式，布置合院式居住组团，创造一种鲜活的交流场所，以增强人们的领域感和归属感，增进邻里关系。

　　建筑四栋八户形成一个半公共院落，以硬质铺装为主，提供给居民日常活动交流空间。院落之间布置带状公共绿地，供居民休闲游憩，与半公共庭院内绿化有机结合，丰富组团景观层次。带状绿地保留当地生态活力，增强生态环境容纳力。

　　每户南北布置绿化空间，北院作为储存杂物农具的空间；南院提供居民休闲活动空间，增加空间私密性和层次感，同时南院光照充足，绿地可用于种植，满足村镇居民生活习惯及需求。

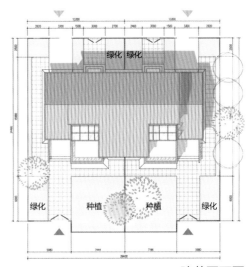

绿化　绿化

绿化　　　种植　　　种植　　　绿化

院落平面图

院落透视图

庭院入口

院内种植

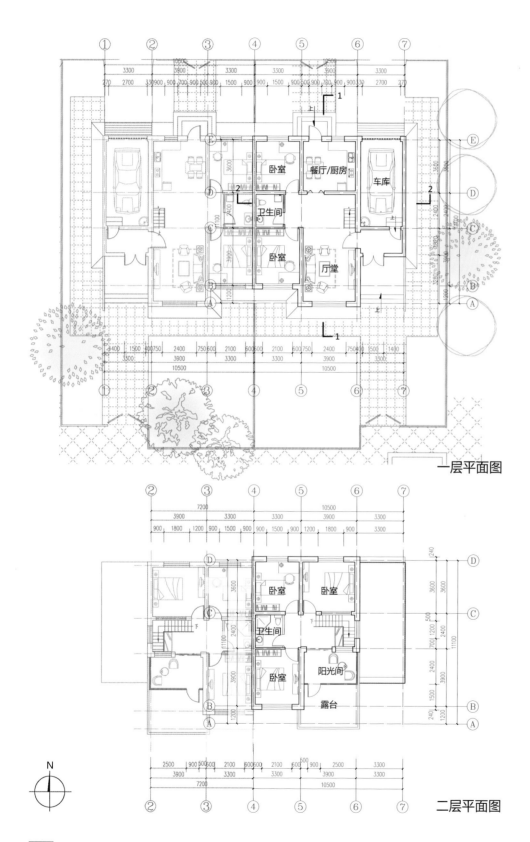

一层平面图

二层平面图

建筑设计与分析

设计为并联式二层村镇住宅，包括厅堂、卧室、厨房、餐厅、卫生间、阳光间等。一层按东北村镇居民和农民生活习惯设置厨房内餐厅，厨房置于北侧且有出入口通向北侧服务性院落。车库与主要生活空间以门斗相连接，可从室内直接进入车库，同时避免干扰主要日常起居空间的使用。二层设置卧室及露台，露台的设置满足村镇居民日常晾晒的生活需求。布置被动式阳光间以提高室内舒适度。

为保证住宅舒适性、实用性且满足村镇居民的停车及储物需求，设置暖库，提供停车、储物空间的同时增加房屋保温性，减少房屋墙体的热量损耗。

▨	交通空间
▨	居住空间
▨	起居空间
□	附属空间

空间功能分析

南立面图

北立面图

■ 建筑绿色化设计研究

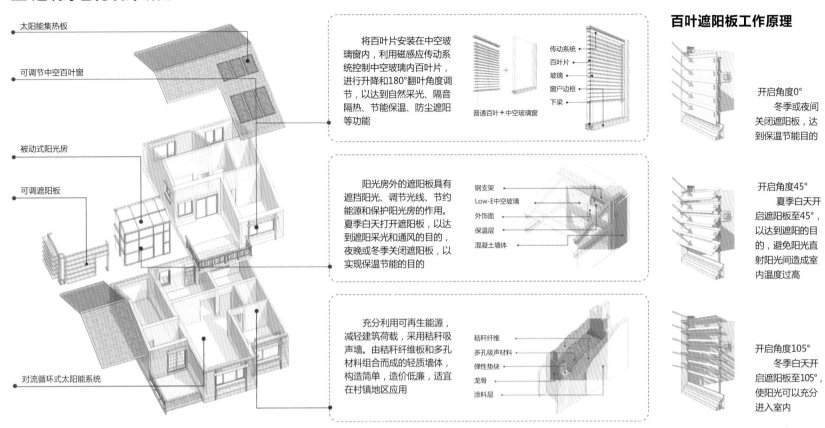

太阳能集热板

可调节中空百叶窗

被动式阳光房

可调遮阳板

对流循环式太阳能系统

将百叶片安装在中空玻璃窗内，利用磁感应传动系统控制中空玻璃窗内百叶片，进行升降和180°翻叶角度调节，以达到自然采光、隔音隔热、节能保温、防尘遮阳等功能

普通百叶 + 中空玻璃窗

阳光房外的遮阳板具有遮挡阳光、调节光线、节约能源和保护阳光房的作用。夏季白天打开遮阳板，以达到遮阳采光和通风的目的，夜晚或冬季关闭遮阳板，以实现保温节能的目的

钢支架
Low-E中空玻璃
外饰面
保温层
混凝土墙体

充分利用可再生能源，减轻建筑荷载，采用秸秆吸声墙。由秸秆纤维板和多孔材料组合而成的轻质墙体，构造简单，造价低廉，适宜在村镇地区应用

秸秆纤维
多孔吸声材料
弹性垫块
龙骨
涂料层

百叶遮阳板工作原理

开启角度0°

冬季或夜间关闭遮阳板，达到保温节能目的

开启角度45°

夏季白天开启遮阳板至45°，以达到遮阳的目的，避免阳光直射阳光间造成室内温度过高

开启角度105°

冬季白天开启遮阳板至105°，使阳光可以充分进入室内

能源利用说明

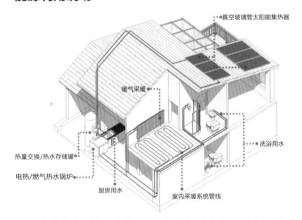

真空玻璃管太阳能集热器

暖气采暖

热量交换/热水存储罐

电热/燃气热水锅炉

厨房用水

室内采暖系统管线

洗浴用水

家庭热水系统设计中，太阳能作为热水系统的主要供应源。水箱设计集成了常规电能或燃气作为系统加热的补充，满足阴雨天气或者气候条件不佳的时期使用。

辅助加热可以根据用户的生活用水习惯，灵活设置时间段来控制加热。集热器与水箱分离设置，形式多样。可将水箱布置在车库内，临近电热或燃气热水锅炉及主要用水点之一——厨房，减少传输过程的热量损失。

绿色化设计说明

住宅南侧窗均使用中空百叶窗，夏季将百叶片调整到关闭状态阻挡阳光的直接照射，大幅度降低室内制冷的能耗。冬季将百叶片提起，使阳光直接照射，充分吸收热能，提升室内温度。阳光间外设置手动百叶遮阳板，根据气候控制其开启角度，调节阳光入射量。太阳能利用方面引入家庭中央热水系统的理念，供给住宅内厨卫、暖气及地暖的热水使用。室内隔墙采用秸秆填充，充分利用当地可再生资源，减少建筑材料的消耗，提高本地资源的利用率，以达到绿色节能的目的。

建筑剖面图

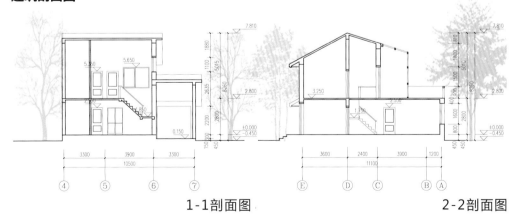

1-1剖面图　　　　　　　　　　　　　　2-2剖面图

6. 普通居住建筑范例六

■ 设计说明

　　本设计以东北传统村镇民居为基础，运用绿色生态技术观念，创造节能、节地和舒适的居住物理环境，并进行合理的群体组织布置，形成小规模街坊，易于交往、沟通，使居民有安全感和归属感。

　　充分利用可开启玻璃高窗的温湿度调节效应，优化建筑采光、通风，实现节约能耗。屋顶高窗保证室内光照，进而节约照明能耗，高窗设保温帘，夜间保温。平面布局功能分区明确，布局紧凑，一层为起居室、老人卧室，二层主卧均在南向。车库布设在联排住宅尽端，以减少住宅热量散失，进一步节约能耗。

　　采用当地材料，如砖、瓦、石材等。太阳能集热器加热洗浴热水兼预热暖气过水。设置自然空调系统，起到自然调节室内温度的作用。地下小温室和卵石床冬季加热空气后储存热能，夜间补充室内热量；夏季则可冷却空气，降低室内温度。卵石床储热器造价低廉、施工简单，适宜应用于村镇地区。

技术经济指标

户型	三室两厅	四室两厅
总用地面积	291.0 m²	215.0 m²
建筑面积	177.0 m²	191.6 m²
使用面积	145.0 m²	151.4 m²
使用面积系数	0.82	0.79
建筑造价	14.6万元	16.1万元

■ 组团设计与分析

组团平面图

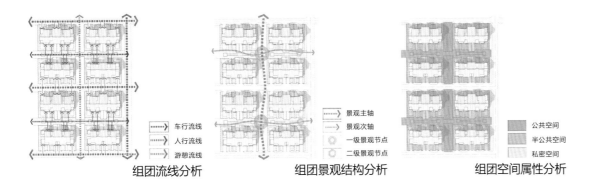

组团流线分析　　　　组团景观结构分析　　　　组团空间属性分析

组团设计说明

　　组团环境设计将私家庭院与组团绿化相结合，每两排住宅间形成东西向步行街道，即半公共庭院。建筑东西两侧之间布置组团级活动空间，沿街绿化、组团绿化与半公共庭院空间有机结合，形成丰富的景观空间层次，为不同的活动提供场所。联排式住宅节约土地，减少建筑覆盖对生物因素的影响。

　　北院为服务性院落，主要用于停车及储藏。南院阳光充足，面积较大，可用于精细种植及室外活动，是家庭室外的私密活动空间。

　　组团由4~8幢联排住宅组成，通过网状交通体系组织空间，以基本套型前后庭院为绿化生态"点"，以沿街及半私密庭院绿化为"线"，以组团绿化及广场为"面"，形成点、线、面相结合的景观绿化系统。

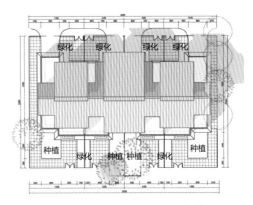

院落平面图

院落透视图

遮阳花架

住宅入口

■ 建筑设计与分析

本方案为四户联排住宅，户型设置包括客厅、卧室、餐厅、卫生间、储藏间等。一层厅堂及卧室均南向布置，厨房置于北侧且有出入口通向北侧服务性院落，便于联系北院。楼梯下空间封闭为储藏间，提高空间的使用效率。二层设置卧室及露台，紧凑布置格局，减少交通空间。露台的设置满足村镇居民日常晾晒的生活需求。露台布置被动式阳光间，保温隔热的同时提高对自然阳光的利用。

为保证住宅舒适性、节能性、实用性且满足村镇居民的生活习性，屋顶部分设高窗，使北向房间获得阳光照射，满足村镇居民对阳光需求的同时减少白天的灯光照明时间，以节约能耗。高窗的设置同时可增强室内空气的流通，夏季时降低室内的温度。高窗部分设置隔热帘，减少夜晚热量损失。

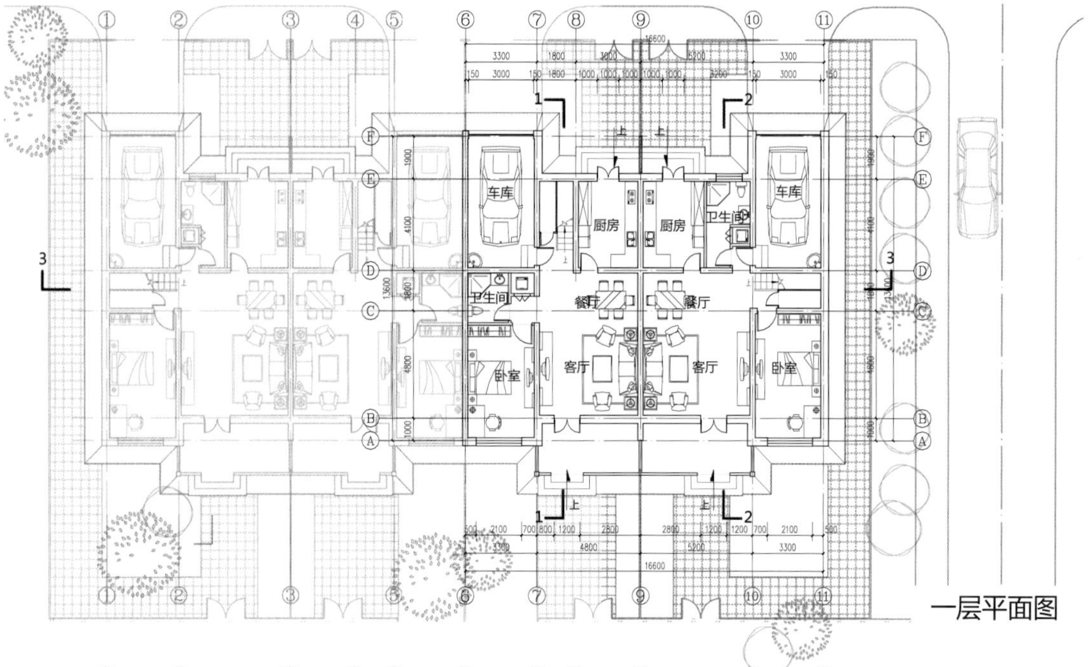

一层平面图

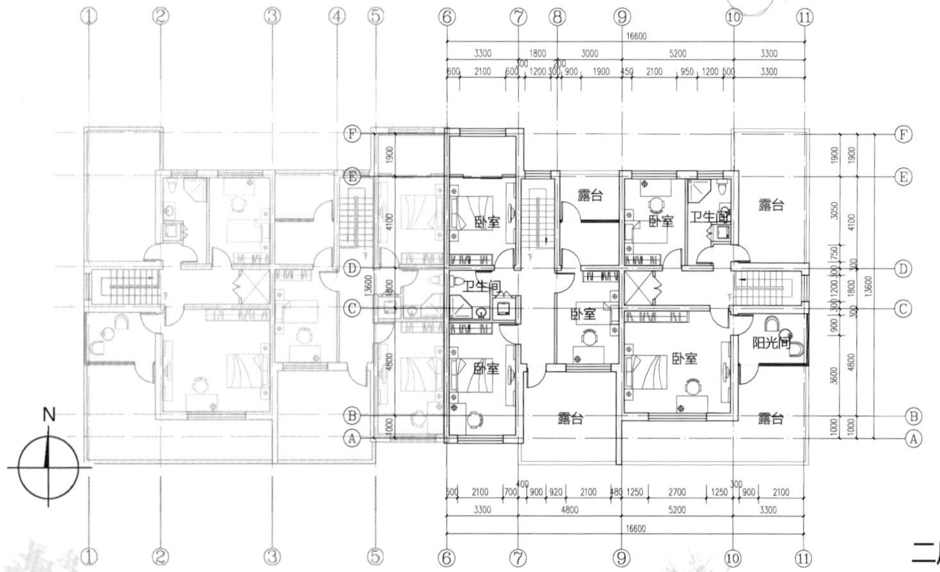

二层平面图

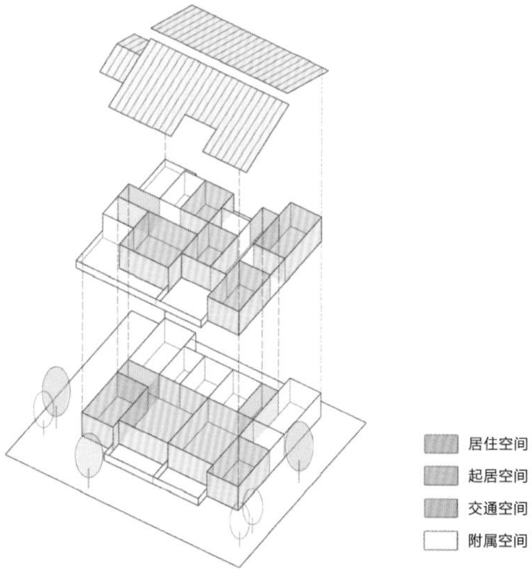

空间功能分析

- 居住空间
- 起居空间
- 交通空间
- 附属空间

南立面图

北立面图

建筑绿色化设计研究

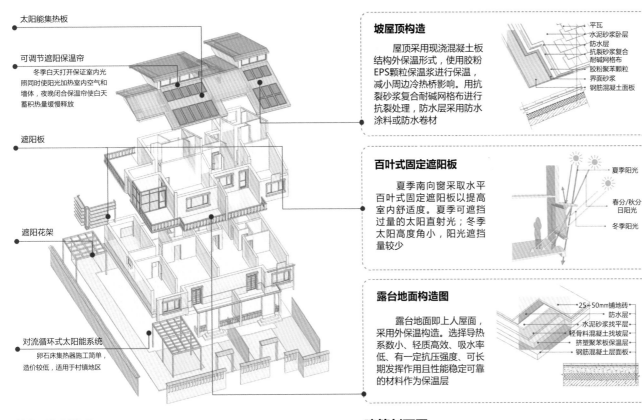

太阳能集热板

可调节遮阳保温帘
冬季白天打开保证室内光照同时使阳光加热室内空气和墙体，夜晚闭合保温帘使白天蓄积热量慢慢释放

遮阳板

遮阳花架

对流循环式太阳能系统
卵石床集热器施工简单，造价较低，适用于村镇地区

坡屋顶构造

屋顶采用现浇混凝土板结构外保温形式，使用胶粉EPS颗粒保温浆进行保温，减小周边冷热桥影响。用抗裂砂浆复合耐碱网格布进行抗裂处理，防水层采用防水涂料或防水卷材

平瓦
水泥砂浆卧层
防水层
抗裂砂浆复合耐碱网格布
胶粉聚苯颗粒
界面砂浆
钢筋混凝土面板

百叶式固定遮阳板

夏季南向窗采取水平百叶式固定遮阳板以提高室内舒适度。夏季可遮挡过量的太阳直射光；冬季太阳高度角小，阳光遮挡量较少

夏季阳光
春分/秋分日阳光
冬季阳光

露台地面构造图

露台地面即上人屋面，采用外保温构造。选择导热系数小、轻质高效、吸水率低、有一定抗压强度、可长期发挥作用且性能稳定可靠的材料作为保温层

25~50mm铺地砖
防水层
水泥砂浆找平层
轻骨料混凝土找坡层
挤塑聚苯板保温层
钢筋混凝土层面板

细节构造示意图

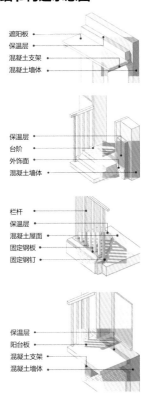

遮阳板
保温层
混凝土支架
混凝土墙体

保温层
台阶
外饰面
混凝土墙体

栏杆
保温层
混凝土屋面
固定钢板
固定钢钉

保温层
阳台板
混凝土支架
混凝土墙体

能源利用说明

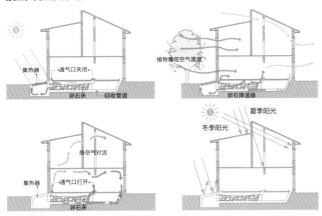

集热器
通气口关闭
卵石床
回收管道

植物降低空气温度
卵石降温器

热空气对流
集热器
通气口打开
卵石床

夏季阳光
冬季阳光

绿色化设计说明

台阶、遮阳板、栏杆等无保温材料包裹的构件均与混凝土楼板屋面分离布置，设置在保温层外，与墙体楼板以混凝土支架、钢架或钢钉相连接，避免冷热桥现象的出现。

采用对流循环式太阳能集热系统，形成自然空调。白天通过小型温室对空气进行加热，封闭通气口将热量储存在卵石床内，夜晚开启通气口释放热量，节约采暖耗能。夏季小温室及卵石床起到降低空气温度作用，同时可开启高窗加强室内空气对流。

建筑剖面图

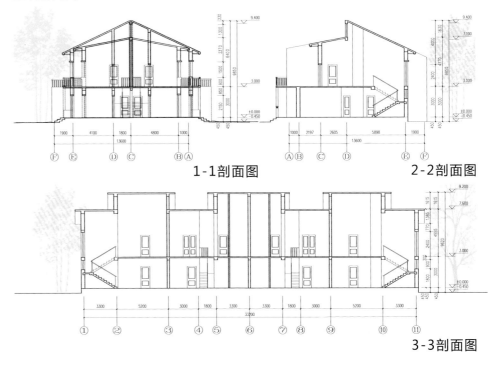

1-1剖面图

2-2剖面图

3-3剖面图

7. 普通居住建筑范例七

■ 设计说明

以严寒地区村镇现状发展情况为设计背景，充分考虑气候条件，结合村镇实际情况和居民生活习惯，将可持续发展理论作为设计方案指导思想，创造经济适用、绿色节能的村镇多层居住建筑。

组团建筑群布置以行列式为整体格局，变化的建筑组合在配合路网同时形成多样化的空间结构，丰富空间氛围。分散停车空间，减少住宅与停车场地之间的距离，以适应严寒地区冬季气候，提升居住环境舒适度。建筑南侧布置绿化，以游憩小径串联组团多个景观节点，形成多层次活动空间，保证人车分行，减少流线冲突。

北侧单元入口设置门斗，较次要功能性空间如厨卫布置在户型北侧，减少冬季冷空气渗入。建筑南立面大面积铺设太阳能集热板，高效利用太阳能，供给居民日常热水使用。屋面采用太阳能屋面技术，冬季为室内提供热空气以补充室内采暖，同时通过地面向室内辐射热量。

技术经济指标

总用地面积	21 537 m²
建筑面积	26 706 m²
建筑密度	25.7%
容积率	1.24
绿地率	39%

■ 组团设计与分析

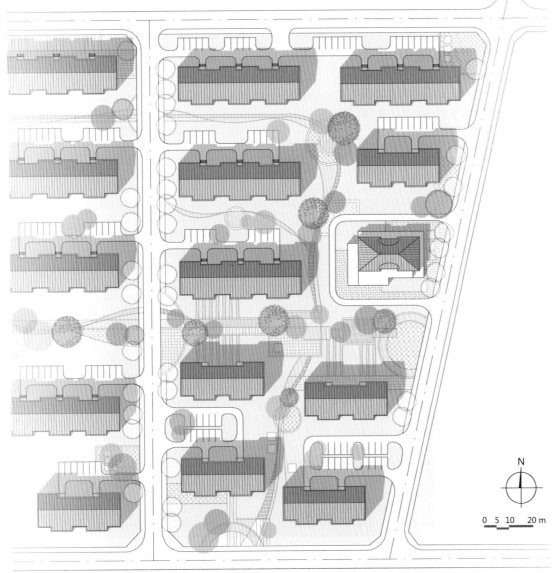

组团平面图

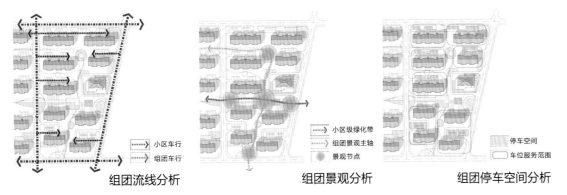

组团流线分析

| 小区车行 |
| 组团车行 |

组团景观分析

小区级绿化带
组团景观主轴
景观节点

组团停车空间分析

停车空间
车位服务范围

组团设计说明

组团由8~10栋住宅建筑组成，环形组团道路和宅前路有效保证了居民的便利出行。合理布置车行流线和停车场地，考虑严寒地区冬季寒冷，尽可能缩短室外活动时间，分散停车场地至各个住宅楼前，减少居民从公共停车场步行回家的距离。

景观绿化贯穿组团，与车行系统分离，减少人行与车行流线间相互干扰。组团入口处形成较大开敞空间，供居民休憩活动，东西两侧分别布置景观节点，各个节点间以游憩小径相连，形成丰富的景观层次，划分不同私密等级空间，满足多样化的活动需求。

小区内应用风光互补太阳能路灯，减少照明系统对常规电能的依赖，利用风能和太阳能等可再生能源，根据能源特点互补发电，提高发电效率，保证供电质量，降低能源的消耗和污染物的排放。

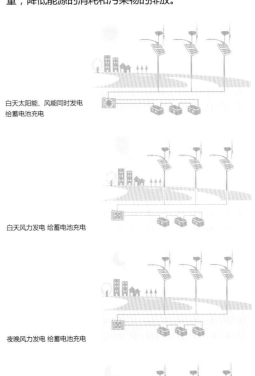

白天太阳能、风能同时发电
给蓄电池充电

白天风力发电 给蓄电池充电

夜晚风力发电 给蓄电池充电

夜晚由蓄电池供应照明用电

风光互补路灯是利用风能和太阳能进行供电的智能路灯，同时兼具风力发电和太阳能发电两者的优势，为城市街道路灯提供稳定的电源。对比传统路灯，风光互补路灯以自然中可再生的太阳能和风能为能源，不消耗任何非再生性能源，不向大气中排放污染性气体，免除电缆铺线工程，无需进行大量供电设施建设。

建筑设计与分析

　　户型平面设计适应村镇现代生活方式，引入城市住宅设计概念和手法，两侧户型可保证四明，即明厅、明卧、明厨、明卫；中间户型保证明厅、明卧、明厨。建筑形体以矩形为基础，减少建筑外表面积，避免过多的热能损耗，局部采用凹凸满足室内功能性需要。户型平面紧凑，保证独立就餐空间及入门玄关缓冲区，优化生活质量。家庭起居空间、个人私密空间和餐饮烹饪空间分区明确、有机相连，起居流线合理。

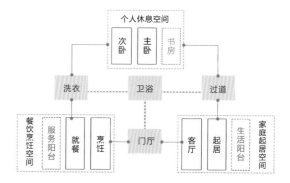

户型A	三室两厅	户型B	两室一厅	户型C	两室一厅
建筑面积	106.8 m²	建筑面积	83.4 m²	建筑面积	94.7 m²
使用面积	82.0 m²	使用面积	65.4 m²	使用面积	75.0 m²
使用面积系数	0.77	使用面积系数	0.78	使用面积系数	0.79

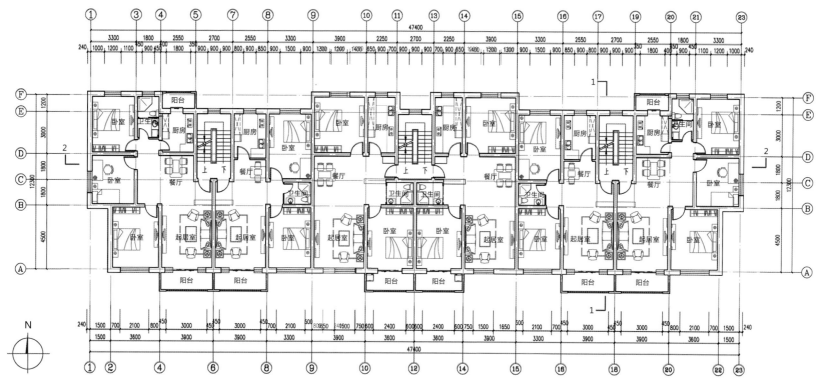

标准层平面图

南立面图

北立面图

建筑绿色化设计研究

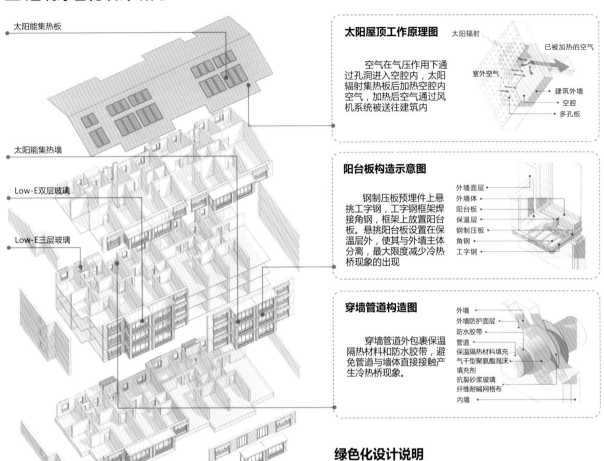

太阳能集热板

太阳能集热墙

Low-E双层玻璃

Low-E三层玻璃

太阳屋顶工作原理图

空气在气压作用下通过孔洞进入空腔内，太阳辐射集热板后加热空腔内空气，加热后空气通过风机系统被送往建筑内

太阳辐射
已被加热的空气
室外空气
建筑外墙
空腔
多孔板

阳台板构造示意图

钢制压板预埋件上悬挑工字钢，工字钢框架焊接角钢，框架上放置阳台板。悬挑阳台板设置在保温层外，使其与外墙主体分离，最大限度减少冷热桥现象的出现

外墙面层
外墙体
阳台板
保温层板
钢制压板
角钢
工字钢

穿墙管道构造图

穿墙管道外包裹保温隔热材料和防水胶带，避免管道与墙体直接接触产生冷热桥现象。

外墙
外墙防护面层
防水胶带
管道
保温隔热材料填充
气干型聚氨酯泡沫填充料
抗裂砂浆玻璃
纤维耐碱网格布
内墙

能源利用说明

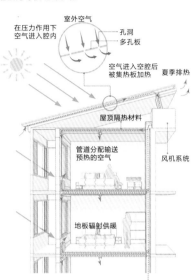

在压力作用下空气进入腔内
室外空气
孔洞
多孔板
空气进入空腔后被集热板加热
夏季排热

屋顶隔热材料
管道分配输送预热的空气
风机系统
地板辐射供暖

太阳屋顶供暖系统核心组件是太阳屋面，在钢板或铝板表面镀上一层热转换效率80%的涂层，并在板上穿有许多微小孔缝，最大限度的将太阳能转换成热能，通过风机系统将加热后空气送至各个楼层，补充采暖；夏季则可充当拔风系统，形成空气对流降低室内温度，调控室内温度。

绿色化设计说明

从构造和技术两方面调控优化室内热环境。应用太阳屋顶，高效利用太阳能资源提升室内舒适度，其优点在于：造价低廉，维护简便；微能耗，低运行费用；提供新鲜空气，改善居民的室内环境。构造方面尽量避免构件与墙体直接接触产生冷热桥，减小构件与墙体接触点或将构件设置在保温层外。建筑南侧阳台下及墙面均设置太阳能集热板，用于太阳能热水系统，供应居民日常生活用热水。

建筑剖面图

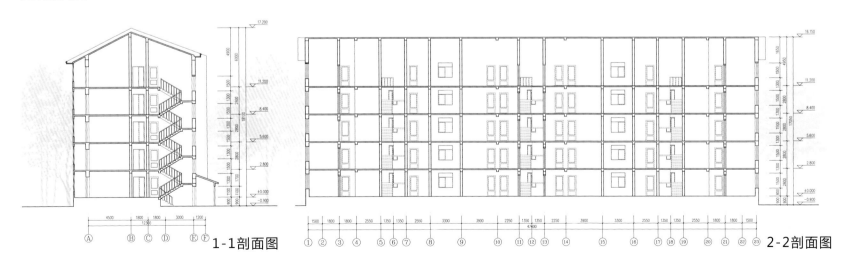

1-1剖面图

2-2剖面图

8. 普通居住建筑范例八

■ 设计说明

　　采用北方传统民居建筑风格，强调空间的高效利用及冬季采光保暖，形成简洁合理的居住空间。通过网状道路网组织建筑群关系，以车行道和组团绿化网络创造出整体有序、清晰便捷的道路系统。尊重北方居民"坐北朝南"的生活习惯和气候需求，布置行列式组团作为小城镇居住区的基本单位。

　　平面户型采用南北通透的布局形式，保证室内通风采光需求。南向设主卧及客厅，将功能服务性空间如厨房、卫生间等布置在北侧。考虑严寒地区居民冬季储物习惯，厨房连接服务性阳台，封闭北阳台以减少冬季寒气入侵及热量损耗，南侧阳台外伸长度较小，减少对楼下住户冬季日照的遮挡。

　　在符合经济性前提下充分应用现代技术、低能耗材料，考虑对周边环境的影响，提倡使用绿色能源，成为小城镇生态系统的一部分，与整体环境协同考虑，创造经济适用、绿色节能的居住建筑和生态组团。

技术经济指标

总用地面积	13 116.0 m²
建筑面积	14 427.8 m²
建筑密度	23.69%
容积率	1.1
绿地率	47%

■ 组团设计与分析

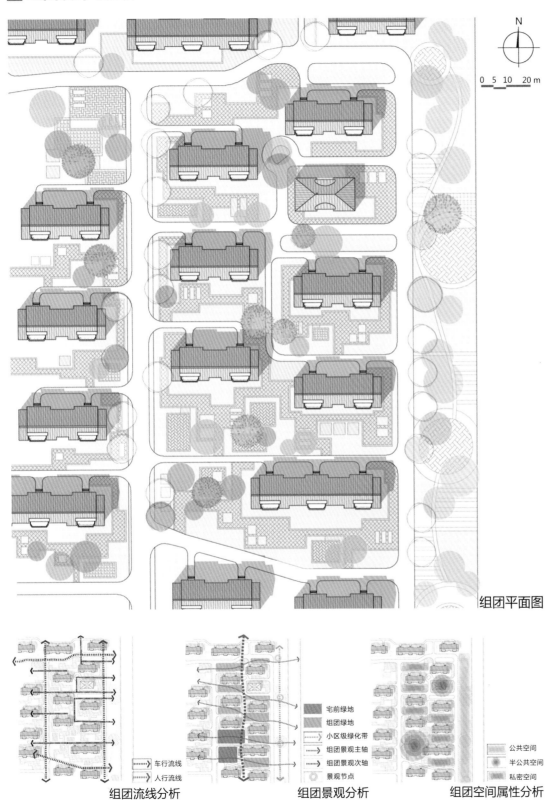

N

0 5 10 20 m

组团平面图

组团流线分析

组团景观分析

组团空间属性分析

车行流线
人行流线

宅前绿地
组团绿地
小区级绿化带
组团景观主轴
组团景观次轴
景观节点

公共空间
半公共空间
私密空间

组团设计说明

　　建筑采用正南北向行列式排布，符合东北严寒地区居民的生活习惯及喜好。采用人车混行模式，简化交通流线。道路网形式简洁实用，组团级道路连接宅前入户道路，减少交通流线冲突点，同时保证可达性。

　　建筑间采用1:2的日照间距，充分满足严寒地区居民对阳光的需求。通过建筑间绿化、组团级中心绿地和小区级绿化带三个层次组织小区绿化空间系统，形成良好的室外环境。为满足村镇居民对户外活动、邻里交往及晾晒等行为的需求，建筑之间的绿化空间适当增加硬质铺装面积，划分不同尺度的活动空间，将软质绿化与硬质活动空间有机结合，为居民日常多种活动模式提供发生的场所。

风障设计说明

　　通过适当地布置建筑物，降低冬季风速，可减少建筑物和场地外表面的热量损失，节约热能。

　　在冬季主导风方向设置常青树形成防风绿地，在建筑西南及东北侧可设置落叶乔木，夏季可起到遮阳和冷却热空气流的作用，冬季落叶后不会阻挡阳光，保证建筑前阳光区的舒适性，提高严寒地区小区的冬季舒适性。在居住建筑周边一定距离种树，可以对底层的户型提供有效的窗口与墙面遮阳。在夏季主导风向上，不应种植太密的树木，以免降低风速甚至改变风向，造成自然通风受阻。此外，茂密的树叶也不宜靠窗口太近，以免遮挡自然光线的进入。

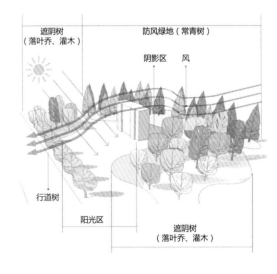

遮阴树（落叶乔、灌木）　　防风绿地（常青树）

阴影区　　风

行道树

阳光区

遮阴树（落叶乔、灌木）

风障示意图

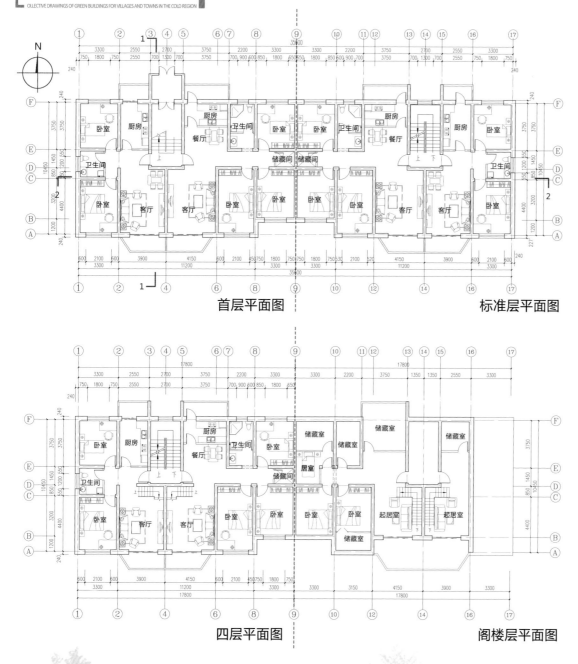

首层平面图

标准层平面图

四层平面图

阁楼层平面图

建筑设计与分析

建筑形体采用矩形布局，最大限度减少建筑外表面过多带来的能量损耗。建筑一层单元楼梯间设置门斗以减少冬季冷气侵入。

建筑平面布局简洁，包含两居室和三居室两种户型，以满足不同家庭结构的使用需求。户型为南北向布局，每户均包括南向客厅及主卧，符合北方居民生活习惯，合理利用太阳辐射来提高冬季室内的舒适性。

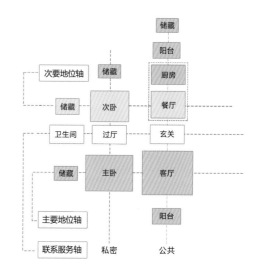

户型A	两室一厅	户型B	三室两厅
建筑面积	82.0 m²	建筑面积	112.2 m²
使用面积	60.0 m²	使用面积	87.8 m²
使用面积系数	0.73	使用面积系数	0.78

户型C	两室两厅	户型D	五室三厅
建筑面积	110.1 m²	建筑面积	206.7 m²
使用面积	79.4 m²	使用面积	115.7 m²
使用面积系数	0.72	使用面积系数	0.56

南立面图

北立面图

■ 建筑绿色化设计研究

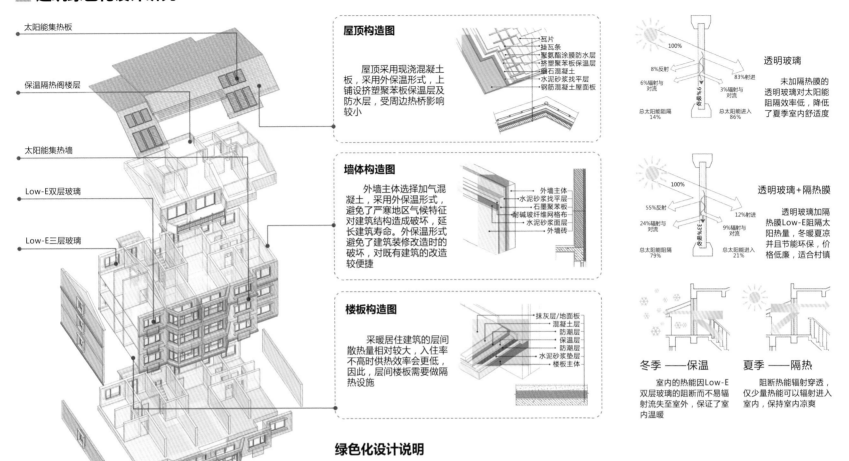

太阳能集热板

保温隔热阁楼层

太阳能集热墙

Low-E双层玻璃

Low-E三层玻璃

屋顶构造图

屋顶采用现浇混凝土板，采用外保温形式，上铺设挤塑聚苯板保温层及防水层，受周边热桥影响较小

瓦片
挂瓦条
聚氨酯涂膜防水层
挤塑聚苯板保温层
细石混凝土
水泥砂浆找平层
钢筋混凝土屋面板

墙体构造图

外墙主体选择加气混凝土，采用外保温形式，避免了严寒地区气候特征对建筑结构造成破坏，延长建筑寿命。外保温形式避免了建筑装修改造时的破坏，对既有建筑的改造较便捷

外墙主体
水泥砂浆找平层
石墨聚苯板
耐碱玻璃纤维网格布
水泥砂浆面层
外墙砖

楼板构造图

采暖居住建筑的层间散热量相对较大，入住率不高时供热效率会更低，因此，层间楼板需要做隔热设施

抹灰层/地面板
混凝土层
防潮层
保温层
防潮层
水泥砂浆垫层
楼板主体

透明玻璃

未加隔热膜的透明玻璃对太阳能阻隔效率低，降低了夏季室内舒适度

100%
8%反射
83%射进
6%辐射与对流
3%辐射与对流
9%吸暖
总太阳能阻隔 14%
总太阳能进入 86%

透明玻璃+隔热膜

透明玻璃加隔热膜Low-E阻隔太阳热量，冬暖夏凉并且节能环保，价格低廉，适合村镇

100%
55%反射
12%射进
24%辐射与对流
9%辐射与对流
33%吸暖
总太阳能阻隔 79%
总太阳能进入 21%

冬季——保温

室内的热能因Low-E双层玻璃的阻断而不易辐射流失至室外，保证了室内温暖

夏季——隔热

阻断热能辐射穿透，仅少量热能可以辐射进入室内，保持室内凉爽

绿色化设计说明

建筑构造如屋面及外墙体均采用外保温形式，将保温层置于建筑围护结构外侧，缓冲了因温差变化导致结构变形带来的应力，避免了雨、雪、冻、融、干、湿等严寒地区气候循环造成的结构破坏。外门窗的热损耗占建筑能耗的50%以上，采用双层Low-E玻璃可大幅降低因辐射而造成的室内热能向室外传递，进而达到冬季节约供暖能耗的目的，同时夏季也可阻隔热量的进入，保持室内温度适宜。

建筑剖面图

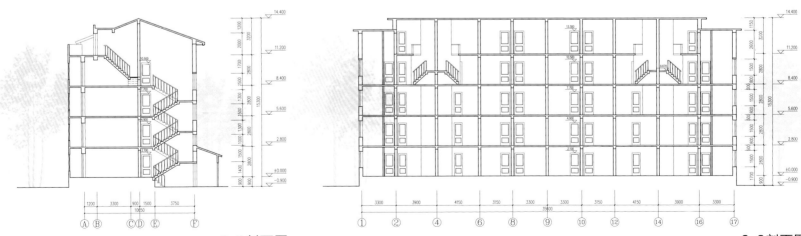

1-1剖面图

2-2剖面图

3.1.2 蒙古族居住建筑

1. 蒙古族居住建筑范例一

■ 设计说明

居住建筑的形式为一层住宅，采用四开间的布局方式，配合南侧大坡的屋面构造，充分利用当地材料，尊重当地习俗，选用蒙古族常用色彩并结合多种蒙古族特色纹样进行点缀，最大限度地凸显民族特色。

在传统民居的基础上发展更新，旨在引导一种健康绿色的严寒地区农村居住和生活方式。从蒙古族农村居民的实际需求出发，因其家庭产业以畜牧业为主，在院落北侧开辟大面积的养殖空间，并在南侧配合小面积的种植空间。平面布局考虑到保温的需求，在传统三开间格局的基础上扩充至四开间，将车库配置在住宅西侧，同时辅有储藏室，可储存粮食蔬菜及生产所需的农具。在立面设计中，采用蒙古族居民较为偏爱的色彩与传统纹样，传统纹样主要包含自然纹样、吉祥纹样和文字纹样三大类，可以点缀在檐口、山墙、门窗、围栏等建筑细部，在细节处彰显蒙古族的民族特色。

技术经济指标

户型	两室两厅
总用地面积	380.0 m²
建筑面积	106.8 m²
使用面积	83.8 m²
使用面积系数	0.79
附属建筑面积	54.5 m²
建筑造价	6.6万元

院落设计与分析

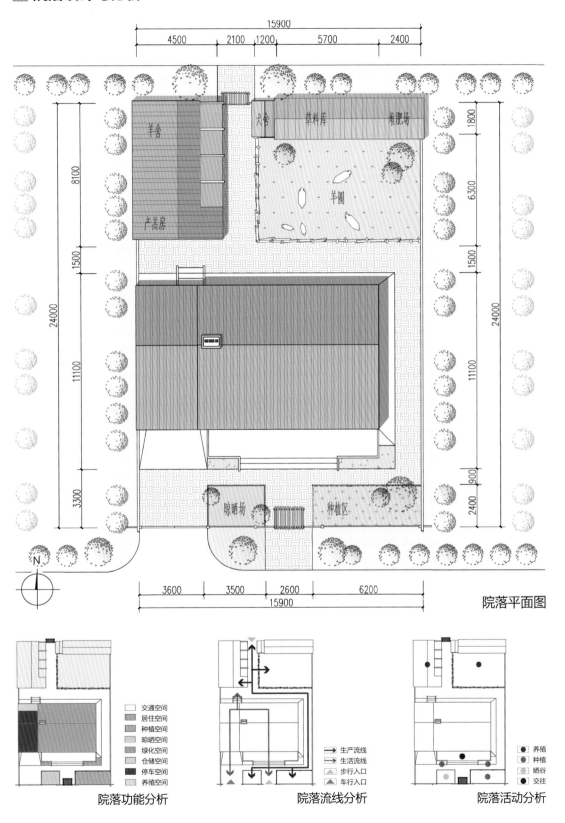

15900

4500　2100　1200　5700　2400

羊舍

产羊房

犬舍　草料库　堆肥场

羊圈

晾晒场　种植区

8100　1500　11100　3300

1800　6300　1500　11100　900　2400

24000　24000

N

3600　3500　2600　6200

15900

院落平面图

院落功能分析

- 交通空间
- 居住空间
- 种植空间
- 晾晒空间
- 绿化空间
- 仓储空间
- 停车空间
- 养殖空间

院落流线分析

- → 生产流线
- → 生活流线
- ▲ 步行入口
- ▲ 车行入口

院落活动分析

- ● 养殖
- ● 种植
- ● 晒谷
- ● 交往

院落设计分析

　　内蒙古农村住户多以养殖牛羊作为其主要的经济来源，于院落北侧设置大面积的养殖区域。该地区常年盛行西北风，将养殖区域西北侧的院落进行围合，可抵抗冬季寒风，为羊群创造舒适的成长环境。院落南侧采光良好，可辅以小面积的种植及晾晒区域，其中晾晒区域可用于晾晒奶干等乳制品。

　　生产流线与生活流线基本分流无交叉，可以减少养殖活动对居民日常生活造成的干扰。

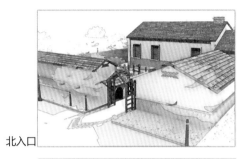

北入口

羊舍

羊棚

种植区

节能分析

■ 起居空间
■ 缓冲空间

在传统蒙古族民居三开间的基础上增设一个开间作为车库及储藏室，提升西侧卧室的保暖效果。将平面中的缓冲空间（厨、卫）布置在北侧，将主要的起居空间（客厅、卧室）布置在南侧，提升起居空间的温度与采光效果。

习俗分析

■ 长辈卧室
■ 晚辈卧室

蒙古族民居历来秉持"以西为贵"的礼制原则布置平面空间，从蒙元时期列延围绕中心贵族的以西为尊，再到蒙古族牧民浩特布局中的西部蒙古包由长辈居住，均体现了蒙古族居民对"西"的尊敬。将西卧室设为长辈卧室，东卧室设为晚辈卧室。

蒙古族民居平面演变图

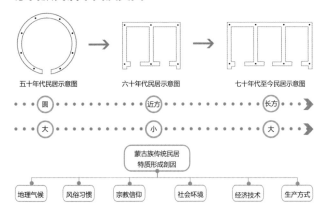

■ 建筑设计与分析

蒙古族固定式传统民居因地制宜选取构造材料，以汉式房屋为基础进行改良，从多个侧面体现了蒙古族建造技术的进步。民居的布局为大开间小进深，主要的居住部分为蒙古族传统的三开间，门窗对称布置，门厅向东西两侧各开一门，起居空间位于南侧，缓冲空间位于北侧，南侧开大窗，北侧开小窗，减少室内热量的散失。为增强保暖效果，在起居空间的西侧加建车库及储藏室，以其作为过渡空间，同时节省了建材。储藏室与厨房及车库相连，方便食材的搬运及使用。选择传统的火炕作为采暖方式。火炕与炉灶台相连，烟囱位于墙体内部，烟道为炕加热后也可以为墙体提供热量。

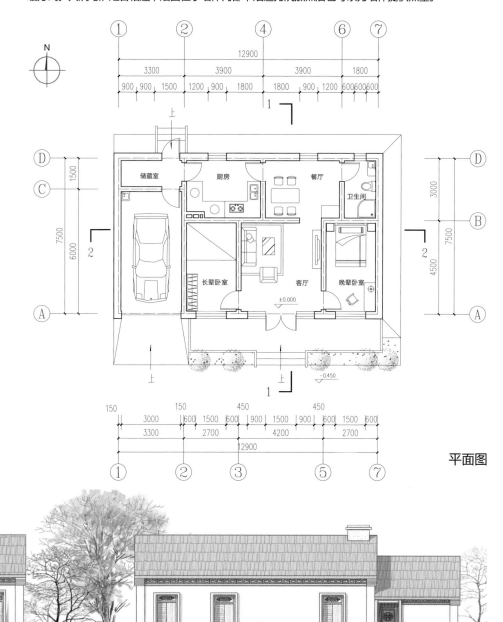

平面图

南立面图　　　　　　　　　　　　　北立面图

■ 建筑绿色化设计研究

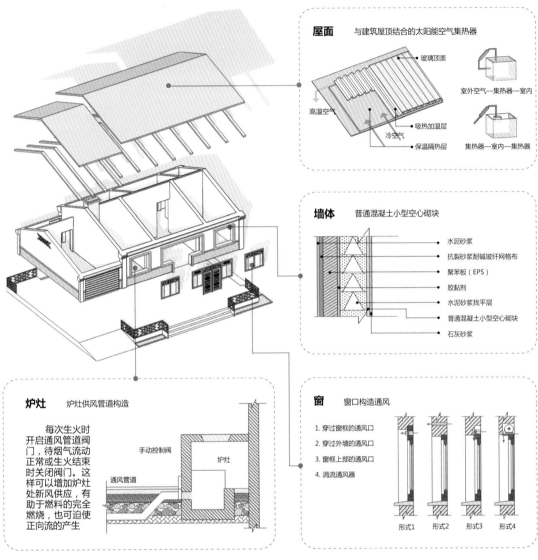

屋面 与建筑屋顶结合的太阳能空气集热器

- 玻璃顶盖
- 高温空气
- 吸热加温层
- 冷空气
- 保温隔热层

室外空气—集热器—室内

集热器—室内—集热器

墙体 普通混凝土小型空心砌块

- 水泥砂浆
- 抗裂砂浆耐碱玻纤网格布
- 聚苯板（EPS）
- 胶黏剂
- 水泥砂浆找平层
- 普通混凝土小型空心砌块
- 石灰砂浆

炉灶 炉灶供风管道构造

每次生火时开启通风管道阀门，待烟气流动正常或生火结束时关闭阀门。这样可以增加炉灶处新风供应，有助于燃料的完全燃烧，也可迫使正向流的产生。

- 手动控制阀
- 炉灶
- 通风管道

窗 窗口构造通风

1. 穿过窗框的通风口
2. 穿过外墙的通风口
3. 窗框上部的通风口
4. 涓流通风器

形式1　形式2　形式3　形式4

民族特色元素运用

民族特色元素不仅是对该民族传承千年的文化与历史的高度概括及浓缩，更蕴含了独特的人文精神及艺术魅力。利用民族特色元素延续地域建筑文脉，以适应当地的历史文化、人文风俗，是我们对传统民族元素运用和创新的正确方式。

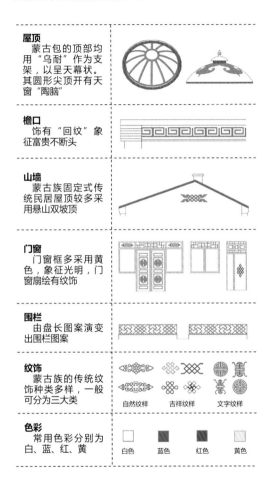

屋顶 蒙古包的顶部均用"乌耐"作为支架，以呈天幕状。其圆形尖顶开有天窗"陶脑"	
檐口 饰有"回纹"象征富贵不断头	
山墙 蒙古族固定式传统民居屋顶较多采用悬山双坡顶	
门窗 门窗框多采用黄色，象征光明，门窗扇绘有纹饰	
围栏 由盘长图案演变出围栏图案	
纹饰 蒙古族的传统纹饰种类多样，一般可分为三大类	自然纹样　吉祥纹样　文字纹样
色彩 常用色彩分别为白、蓝、红、黄	白色　蓝色　红色　黄色

建筑剖面图

1-1剖面图　　　　　2-2剖面图

绿色化设计说明

内蒙古自治区地处严寒气候区域，在村镇建筑绿色化设计的过程中，应考虑与气候特征相适宜的绿色建筑技术，主要包括建筑节能材料的选择和能源的合理利用两方面。适宜采用太阳能空气集热器屋面、外保温普通混凝土小型空心砌块墙面等节能材料并附通风口构造窗体、供风管道构造炉灶等节能构造方式。

农村地区多采用火炕供暖，火炕的倒烟问题是对农村住宅室内空气造成污染的主要原因之一。在火炕的设计和建造时，可以增加逆向流的烟道阻力，在炕体内烟道出口处增加挡烟板和回风洞。同时可以在设计中增设手动控制阀，生火时开启，待烟气流动正常或生火结束时关闭，有效降低对环境造成的污染。

2. 蒙古族居住建筑范例二

■ 设计说明

　　居住建筑的形式为联排低层住宅，由六幢独门独户的二层住宅并联而成。采用南北大进深的布局，配合南侧大坡的屋面构造，结合蒙古族特色"盘长"纹饰进行点缀，建设民族特色鲜明的康居型住宅。

　　运用绿色材料与技术创造舒适的居住物理环境。规划平面成组团式布局，避免分散独立的布局形式所带来的资源重复消耗的问题，并有效减少建筑外墙面积。将种植、晾晒、储存等必需活动结合不同空间进行设计。在平面布局中，于一层庭院中设计南北两个小型种植园，种植蔬果花卉等作物。二层南侧设计阳光间和晒台，可作为晾晒场地；二层北侧设计有储存室。在立面设计中，采用了蒙古族居民最为喜爱和常用的蓝、白、红、黄四个颜色。其中天蓝色作为屋面用色，象征永恒和忠诚；白色作为墙体主要用色，象征纯洁；红色作为外门用色，象征热情；黄色作为窗体用色，象征光明。用鲜明的色彩来彰显蒙古族丰富的性格特征。

技术经济指标

户型	三室两厅
总用地面积	950.0 m²
建筑面积	1 008.6 m²
建筑密度	56%
容积率	1.1
绿地率	40%

■ 组团设计与分析

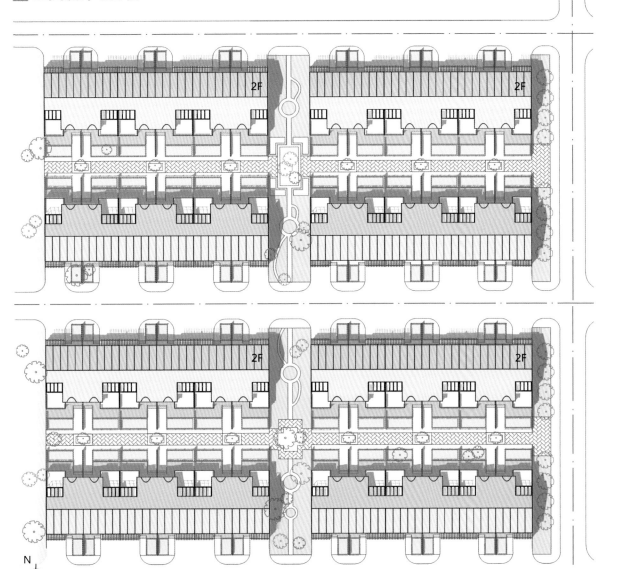

2F 2F

2F 2F

N

0 5 10 20 m

组团平面图

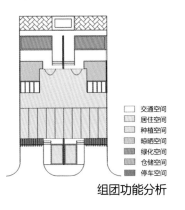

□ 交通空间
▨ 居住空间
▨ 种植空间
▨ 晾晒空间
▨ 绿化空间
▨ 仓储空间
▨ 停车空间

组团功能分析

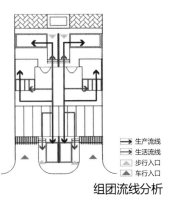

➡ 生产流线
➡ 生活流线
▲ 步行入口
▲ 车行入口

组团流线分析

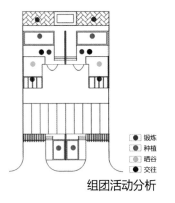

● 锻炼
● 种植
□ 晒谷
● 交往

组团活动分析

组团设计分析

在平面设计中充分考虑建筑的体形系数，将住宅设计成双层联排住宅，节约土地。平面规整，最大限度减少外墙面积，利于节能。由相邻两排的联排住宅围合成院落空间，利用片石院墙及民族纹样围栏等对院落空间进行分隔，在保证私密性的情况下，将院落景观引入街道，形成宜人的社区环境。

每户均配置有南院和北院，南院功能以家庭休闲及蔬菜种植为主，北院功能以绿化、车辆进出为主。

蒙古族家居功能模式图

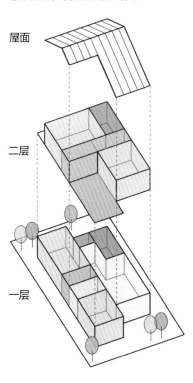

屋面

二层

一层

二层
▨ 卧室　▨ 储藏室　▨ 晒台　▨ 楼梯间

一层
▨ 卧室　□ 客厅　▨ 厨房　▨ 卫生间
▨ 楼梯间　□ 车库　▨ 门斗

建筑设计与分析

联排低层住宅的层数为二层，单体户型的建筑面积为168.1 m²，使用面积为134.6 m²，功能配置多样丰富，可以满足内蒙古地区不同人群的使用需求。出于建筑节能的考虑，住宅坐北朝南，一层北侧配置车库，建筑设置南北两个入口，其中北入口设置门斗，对北侧的冷空气起到缓冲作用，南侧设置客厅及卧室，让其接受较长时间的日照，采光效果良好，利于节能；二层南侧设计辅有阳光间的17.6 m²主卧室及开敞晒台，北侧设计储存室，这些不同功能空间的结合可以满足镇区居民晾晒及储存粮食、蔬菜的需求。阳光间夏季配合百叶遮阳使用，可以起到纳凉的功效，冬季时关闭百叶，白天开启通风孔，夜间关闭通风口，可以对严寒地区室内外巨大的温差起到过渡作用。

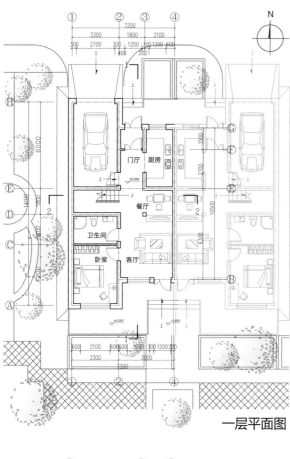

一层平面图

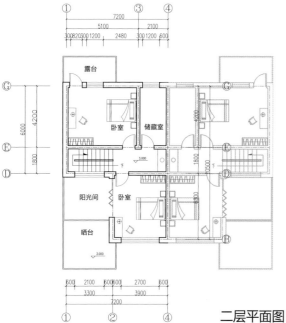

二层平面图

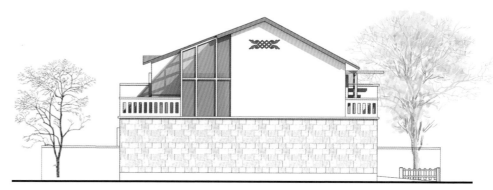

西立面图

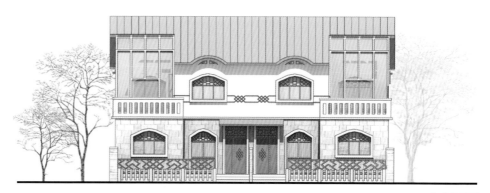

南立面图

北立面图

■ 建筑绿色化设计研究

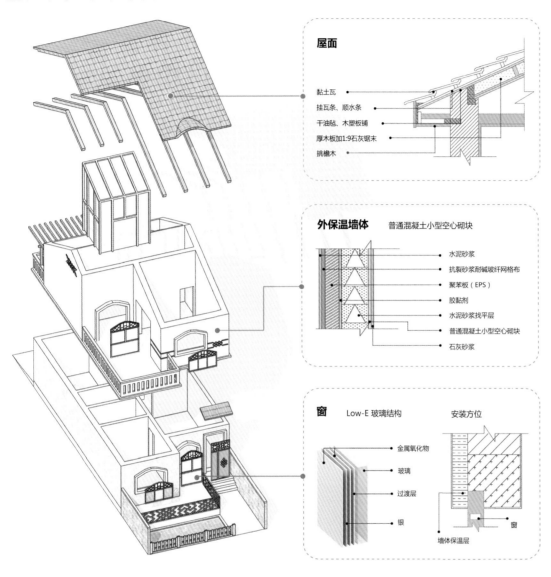

屋面

- 黏土瓦
- 挂瓦条、顺水条
- 干油毡、木塑板铺
- 厚木板加1:9石灰锯末
- 挑檐木

外保温墙体　普通混凝土小型空心砌块

- 水泥砂浆
- 抗裂砂浆耐碱玻纤网格布
- 聚苯板（EPS）
- 胶黏剂
- 水泥砂浆找平层
- 普通混凝土小型空心砌块
- 石灰砂浆

窗　Low-E 玻璃结构　安装方位

- 金属氧化物
- 玻璃
- 过渡层
- 银
- 墙体保温层
- 窗

能源利用说明

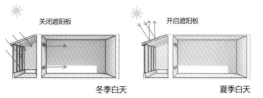

关闭遮阳板　　开启遮阳板

冬季白天　　　夏季白天

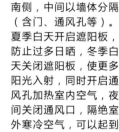

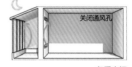

开启通风孔
热空气
冷空气

冬季白天

关闭通风孔

冬季夜间

阳光间附建在房屋南侧，中间以墙体分隔（含门、通风孔等）。夏季白天开启遮阳板，防止过多日晒，冬季白天关闭遮阳板，使更多阳光入射，同时开启通风孔加热室内空气，夜间关闭通风口，隔绝室外寒冷空气，可以起到冷暖空气过渡的作用。

通风分析

穿堂风

采光分析

夏至日
冬至日
21°
67°

建筑剖面图

+8.400
+5.400
+3.000
+2.100
+1.500
+0.000
-0.450

1800　4500　1800　2700　1500　1800
14100
Ⓐ Ⓑ ① ⑪ Ⓕ Ⓖ Ⓗ

1-1剖面图

+8.400
+5.100
+3.000
+2.100
+1.500
+0.000
-0.450

2100　1800　3300
7200
④　②　①

2-2剖面图

绿色化设计说明

　　内蒙古地区太阳能资源丰富，应当予以充分利用。在房屋南侧设置晒台和阳光间，阳光间系统可以满足节能隔热、高效隔音、自然通风、有效排水等多方面的功能。光线、空气、接触自然是人类生存的基本需要。创造舒适的氛围，带来更加充足的光线。

　　住宅外型采用紧凑的形体，以减少建筑物的总散热面积。全部采用自然通风，降低了通风能耗；节能材料的选取减少了热传导，降低了供暖能耗。

　　民族文化和地方文化同样在绿色建筑的设计中有所体现。蒙古族是对我国有深刻影响的少数民族，其建筑有着鲜明的风格与特征，无论其用色、传统纹饰亦或是建筑布局方式均与其他民族有所不同。

3. 蒙古族居住建筑范例三

设计说明

居住建筑的形式为多层住宅，层数为四层，设计有三种户型，可以满足不同家庭的使用需求。充分利用当地材料，尊重当地习俗，选用蒙古族常用色彩并结合多种蒙古族特色纹饰进行点缀，最大限度凸显民族特色。

方案综合考虑了严寒地区的气候特点及内蒙古地区居民的生活习惯，在平面布局中体现了灵活性、适应性和可持续性，功能流线布置合理，可满足不同家庭结构的镇区居民。考虑保温节能的需求，将主要的起居空间布置在南侧，加大采光量，减少热量流失；同时住宅南北两侧的门窗相对，可形成自然通风，降低通风能耗。在立面设计中，将蒙古族传统居住形式"蒙古包"中的建筑元素加以提炼和应用，保留了穹顶、支柱及内部相关构造，结合住宅入口处的防寒门斗进行设计，在住宅的细节之处体现蒙古族风情，同时提升了冬季住宅入口处的温度，降低了采暖所需能耗，满足了建筑节能的需求。

技术经济指标

户型	一室一厅、两室一厅
总用地面积	1300.0 m²
建筑面积	2230.8 m²
建筑密度	42%
容积率	1.70
绿地率	38%

■ 组团设计与分析

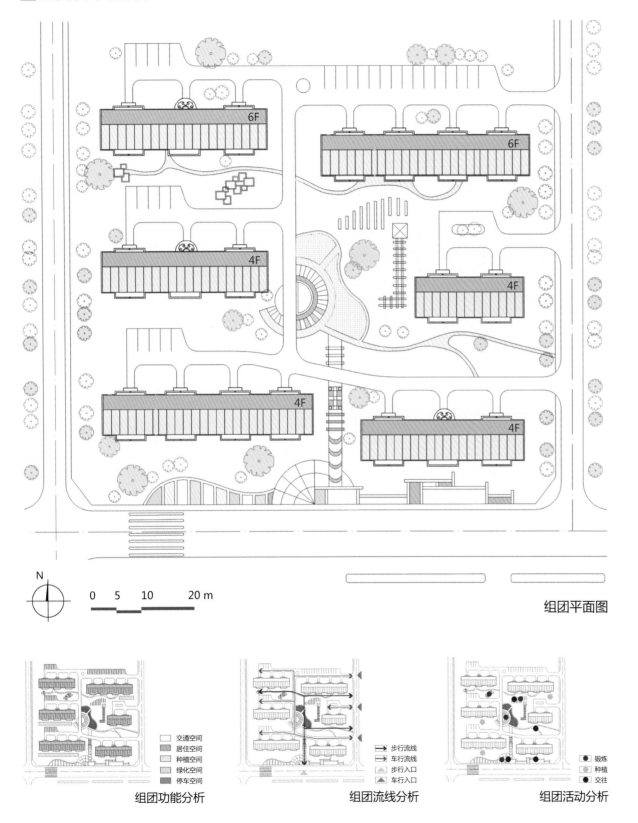

组团平面图

N

0 5 10 20 m

组团设计分析

内蒙古地区常年盛行西北风，夏季间或盛行南风，将居住组团的平面布局上设计为行列式，冬季可以有效地抵挡西北向寒风，夏季南向通风良好。同时考虑到部分镇区居民喜好种植的习性，于组团南侧开辟种植区域，满足其生活需求。

交通流线采取人车分流的模式，隔离机动车与行人，最大限度上创造出连续的步行空间，同时将步行空间配合景观节点与绿化进行设计，打造出宜人居住环境。

组团布局分析

冬季风向　　　　　夏季风向

在住宅组团布局方面，将层数较高的住宅布置在组团北侧，层数较低的住宅布置在组团南侧，可在一定程度上遮挡冬季西北向的寒风，并利于夏季盛行的南风渗入组团内部，促进组团内空气流通。改善组团微气候，形成良好的建筑外部环境。

组团局部透视图

活动区

种植区

□	交通空间
▨	居住空间
▥	种植空间
▨	绿化空间
■	停车空间

组团功能分析

→	步行流线
→	车行流线
▲	步行入口
▲	车行入口

组团流线分析

●	锻炼
●	种植
●	交往

组团活动分析

建筑设计与分析

　　蒙古族多层住宅因地制宜选取构造材料，在传统多层住宅基础上进行改良，从多种角度反映蒙古族居民对现代居住条件的要求。多层住宅平面布局为小开间大进深，这样可以取得较好的采光效果，主要起居空间（卧室、客厅）位于南侧，辅助空间（厨房）位于北侧，南侧与北侧均设有阳台，可以满足储存需求，同时减少室内热量散失。蒙古族多层住宅为镇区居民提供了三种户型可供选择，平面的建筑面积分别为55.8 m²、67.3 m²、89.2 m²，使用面积分别为49.8 m²、60.2 m²、80.1 m²。户型满足了单身公寓、两口之家、三口之家等多种家庭结构的住房需求。

　　为了体现绿色建筑的节能性，在广泛调研该区域多层住宅的基础上进行建筑设计。在一梯三户单元的中间户外墙处增设挡风板，可以有效改善建筑内部的通风条件，形成良好的室内环境。于住宅一层入口处增设门斗，可以抵挡冬季的寒风，过渡室内外的热冷空气。

节能分析

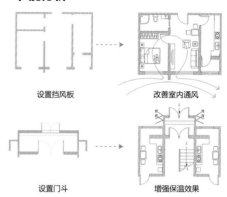

设置挡风板　　　　　　　改善室内通风

设置门斗　　　　　　　　增强保温效果

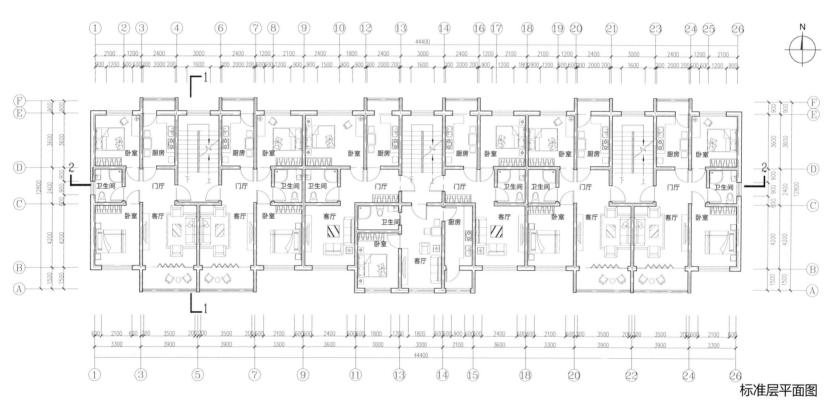

标准层平面图

南立面图　　　　　　　　　　　　　　北立面图

建筑绿色化设计研究

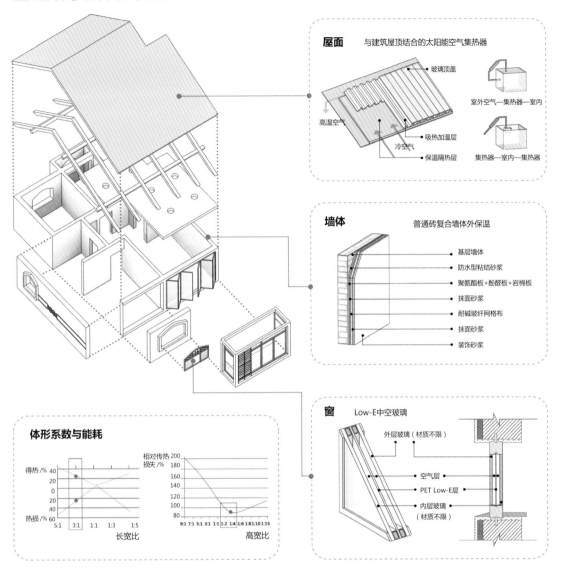

屋面　与建筑屋顶结合的太阳能空气集热器

玻璃顶盖

室外空气—集热器—室内

高温空气

吸热加温层

冷空气

保温隔热层

集热器—室内—集热器

墙体　普通砖复合墙体外保温

基层墙体

防水型粘结砂浆

聚氨酯板+酚醛板+岩棉板

抹面砂浆

耐碱玻纤网格布

抹面砂浆

装饰砂浆

体形系数与能耗

得热 /%　40

相对传热　200
损失 /%　180
　　160
0　140
　120
热损 /%　100
　60　80

长宽比　5:1　3:1　1:1　1:3　1:5

高宽比　9:1 7:1 5:1 3:1 1:1 1:2 1:4 1:6 1:8 1:10 1:15

窗　Low-E中空玻璃

外层玻璃（材质不限）

空气层

PET Low-E层

内层玻璃
（材质不限）

被动式节能阳台构造及功能

可变隔墙

折叠窗

被动式节能设计，是指通过建筑物本身来收集储蓄能量（而非利用耗能的机械设备）使其与周围环境形成自循环系统。

冬季蓄热　夏季通风

折叠窗关闭　折叠窗开启

被动式节能阳台由可变隔板及折叠窗构成。其原理简单易懂，适于镇区居民的理解与操作。

采光分析

夏至日

冬至日

21°

67°

绿色化设计说明

　　内蒙古自治区地处严寒气候区域，宜采用太阳能空气集热器屋面、外保温普通砖复合墙体、Low-E中空玻璃等节能材料与构造，结合体形系数对住宅进行设计，起到建筑节能的效果。引入被动式建筑技术，通过对建筑围护结构的保温隔热技术、有利于自然通风的建筑开口设计等实现建筑的采暖、空调、通风等能耗的降低。

建筑剖面图

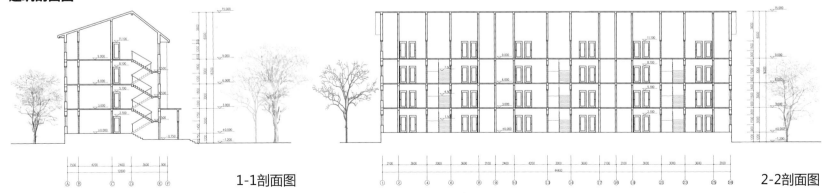

1-1剖面图

2-2剖面图

3.1.3 满族居住建筑

1. 满族居住建筑范例一

■ 设计说明

　　随着农村城市化改革步伐的加快，农民的居住理念发生了很大变化。新盖民居在外形和建筑材料上都有所提升，设计更是适用于农村满族民居，可以供三口之家居住。立面造型简洁大方，富有满族特色。

　　平面设计上，满族住宅正房多为三间面阔，西屋为主，卧室里设置了满族特色的万字炕。堂屋兼具餐厅功能，在入口处设置阳光房，可以起到保温作用，东间作为一般居室和厨房，住宅北门可以通往后院。立面设计上，尊重和提炼传统满族民居的色彩、质感、窗棂和屋顶形式等，并在外墙上设计了满族传统纹饰。

　　院落结合节地理念，以居住为主，生产空间和饲养空间作为辅助部分，采用前后院的布局模式，充分利用南向采光进行种植等活动，布局流线清晰，形成紧凑高效的院落空间。布局具备完善功能的同时融合满族文化与习俗，设置种植区和养殖区，符合农民生活习惯。

技术经济指标

户型	两室一厅
总用地面积	300.0 m²
建筑面积	66.8 m²
使用面积	58.2 m²
使用面积系数	0.88
附属建筑面积	35 m²
建筑造价	7.9万元

■ 院落设计与分析

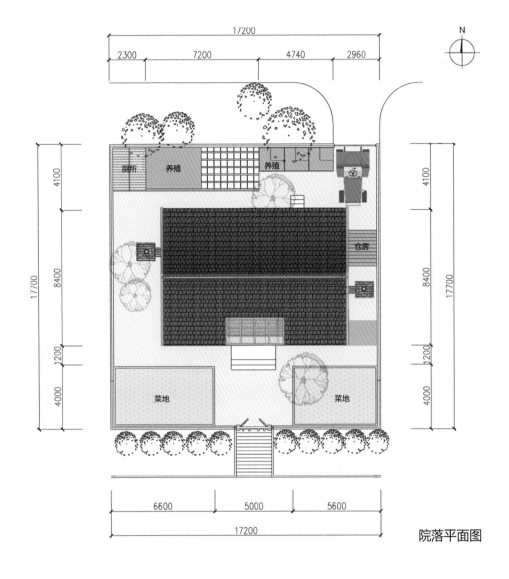

院落平面图

院落设计分析

民居院落面积约为300 m²。宅院主出入口布置在南向，院门居中与房门相对。院墙为石墙和木栅栏结合，既满足冬季防风防寒的要求，又能保持种植区的通风日照和通透的视觉。车库和养殖等辅助功能布置在住宅下风向，与人行流线无交叉。避免对生活区的干扰，生产空间和生活空间分开布置，保持净浊分区，流线畅通。储粮装具布置在日照充足且通风良好的位置。仓库位于住宅北入口附近，方便冬季取柴。菜园布置在南向，既有利于农作物生长，又美化环境。

	居住	仓储车库	种植	养殖	硬质铺地	合计
面积/m²	66.0	35.0	60.0	30.0	109.0	300.0
比例/%	22.0	11.7	20.0	10.0	36.3	100.0

绿化配植

在住宅周围合理的种植，可以调节微气候，对通风和采暖均有改善。

在住宅的北面种植高大的乔木，可以有效抵抗冬季盛行的寒风。庭院南侧，种植高大乔木，夏季遮挡部分阳光，有利于降温消暑，冬季落叶后不会遮挡阳光，利于建筑吸收太阳能，提高室内温度。

夏季

冬季

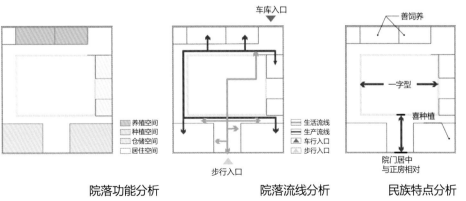

院落功能分析　　院落流线分析　　民族特点分析

满族家居新模式图示

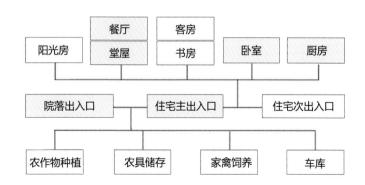

建筑设计与分析

　　户型建筑面积66 m²，采用传统的三开间建造方式，满族习俗以西为大，以南为长。住宅大门朝南开，北侧开一小门利于通风，冬季利于通往后院取柴。南入口设阳光房，冬季利用太阳能的同时阻隔室外寒冷空气进入居室。西屋环室三面筑满族传统的万字炕。住宅主要以火炕取暖，烟囱坐落在房屋东西两侧，称为"跨海烟囱"。

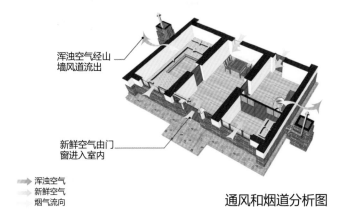

浑浊空气经山墙风道流出

新鲜空气由门窗进入室内

➡ 浑浊空气
➡ 新鲜空气
➡ 烟气流向

通风和烟道分析图

　　满族传统的对面屋形式西屋、东屋均为卧室，生活活动基本都在卧室进行，功能混合。随着新农村发展，居民的生活习惯发生改变，户型在传统民居功能布局基础上重新设计，划分功能分区。保留西屋主卧室功能，划分堂屋和东屋空间，扩大餐厅、厨房等共同生活空间的面积。丰富住宅内部空间功能，提高居民生活舒适度。

功能生成分析图

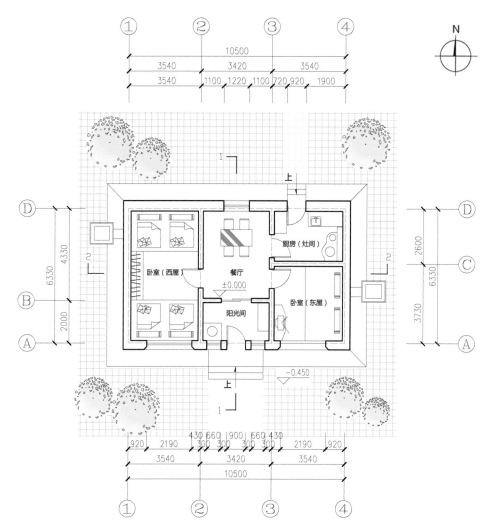

平面图

南立面图

北立面图

建筑绿色化设计研究

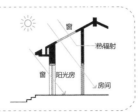

南向门厅处设阳光房，屋顶开天窗。获得太阳能使温度升高，利用空间热量达到辅助采暖目的。阳光房作为缓冲区减少建筑热量损失

双层塑钢窗密闭性较高，适于严寒地区。窗体形式采用上悬窗，延续满族支摘窗的形式特色。塑钢窗材质中，满族特色花棂纹饰，可以通过夹在玻璃中间的塑料条体现

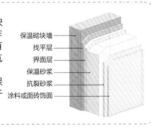

混凝土秸秆砌块墙利用农作物秸秆作为砌块填充物，具有自重轻、强度高、抗冲击、防火、防水、隔声、节能环保、保温的特点。价格低于其他保温墙体材料

节能型吊炕

不同于传统搭建在地面上的火炕，节能型吊炕将炕整体架空，降低炕洞的高度，使热量集中，增大炕的散热面积，有利于室温的提高。炕梢采用人字分烟墙的结构。这种分烟处理，可使烟气不能直接进入烟囱内，使烟气通过炕梢，尤其是烟囱进口的烟气由急流变成缓流，延长了炕梢烟气的散热时间，降低了排烟温度，也排除了炕梢上下两个不热的死角。

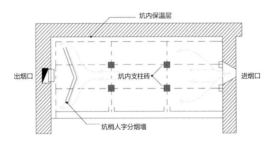

建筑剖面图

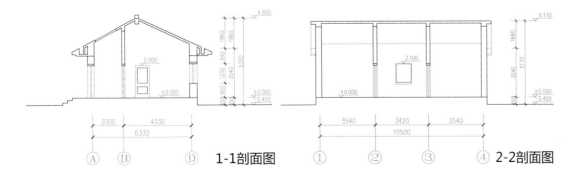

1-1剖面图   2-2剖面图

民族特色元素运用

满族民居反应出特定地域以及特殊历史文化、生活习俗、宗教信仰和艺术审美等信息。浑然天成的乡土美更体现着人与自然环境和谐共存的融合之意，在民居中充分利用民族元素，打造民族特色，有助于加强人们对满族民居的保护和对满族风俗与居住文化的传承。

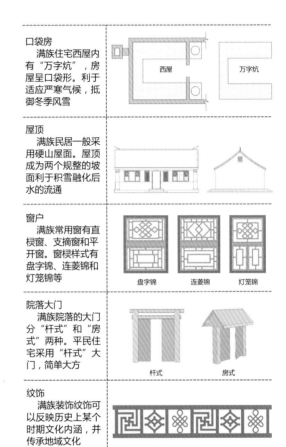

口袋房 满族住宅西屋内有"万字炕"，房屋呈口袋形。利于适应严寒气候，抵御冬季风雪	西屋　万字炕
屋顶 满族民居一般采用硬山屋面。屋顶成为两个规整的坡面利于积雪融化后水的流通	
窗户 满族常用窗有直棂窗、支摘窗和平开窗。窗棂样式有盘字锦、连菱锦和灯笼锦等	盘字锦　连菱锦　灯笼锦
院落大门 满族院落的大门分"杆式"和"房式"两种。平民住宅采用"杆式"大门，简单大方	杆式　房式
纹饰 满族装饰纹饰可以反映历史上某个时期文化内涵，并传承地域文化	

绿色化设计说明

住宅绿色化设计思想分别从节地、节能、环保和民族文化方面体现。以土地的集约使用为宗旨，节约尽可能多的土地，为长远发展留有足够空间。住宅采取自然采光、阳光房等被动式技术策略节约能源，对传统火炕进行技术改造。自保温墙体采用秸秆填充的混凝土砌块等生态建筑材料，提高建筑材料本土化的利用率，减少运输过程中的费用，降低建筑整体造价。

结合严寒地区气候特点，合理的布局庭院和室内功能，满足当地居民生活模式、生活需求和文化习俗。建筑在延续传统满族民居特色的同时，利用新型建筑材料、可再生能源和绿色节能技术加以创新。

2. 满族居住建筑范例二

设计说明

　　住宅在传统满族民居的基础上发展更新，引导健康绿色的严寒地区农村居住和生活方式，充分考虑当地居住风俗习惯，突显满族特色。结合建筑绿色化设计，打造节约型、有特色、舒适使用的小康民居。

　　庭院设计方面，集约利用有限的院落空间，协调各种空间的功能布局，把生活区和生产区分隔开来，改善环境卫生条件，避免互相干扰。菜园布置在南向，既利于作物生长，又美化环境。仓储置于住宅次入口旁边，便于冬季取柴。住宅采用两户双拼式布局，有利于住宅的节能。

　　技术设计方面采用严寒地区适宜性节能技术，包括太阳能热水系统、太阳能低温辐射系统、混凝土秸秆砌块保温墙体、空气流动窗和雨水收集系统。利用清洁能源、自然能源和可再生能源。充分利用当地天然材料，选用高性能的建筑材料，提高资源利用效率，营造一个具有良性生态循环和民族特色的生活空间。

技术经济指标

户型	三室两厅
院落占地面积	230.0 m²
建筑用地面积	68.6 m²
建筑面积	140.8 m²
使用面积	106.2 m²
使用面积系数	0.76

▧ 院落设计与分析

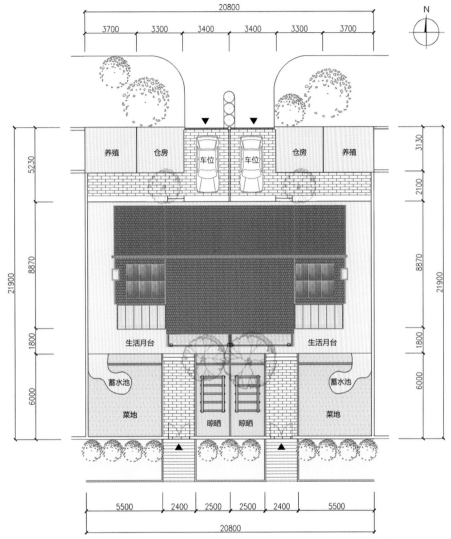

院落平面图

院落设计分析

院落总面积约为230 m²，将生产庭院和生活庭院分区。南侧生活庭院可供交流、休闲和晾晒，辅助房间布置在住宅北侧，冬季可以抵御寒风。住宅北侧开门，利于与后院的联系。

生产庭院位于住宅北侧，在住宅的下风向，避免饲养牲畜对住宅环境造成影响。车位以及仓房、养殖等主要生产活动集中布置。庭院中菜地位于院落东南部分，阳光充足，利于生长。晒场兼活动场地位于西南部，阳光充足且通风良好。生产与生活行为既能相辅相成，又不会互相干扰，使庭院生活井然有序。

住宅前修建雨水收集池，兼具景观功能，通过雨水管收集屋顶雨水，可利用雨水对菜地灌溉、清洗车辆等。

	居住	仓储车库	种植	养殖	硬质铺地	合计
面积/m²	68.0	30.0	35.0	15.0	82.0	230.0
比例/%	30.0	13.0	15.0	7.0	35.0	100.0

绿化配植

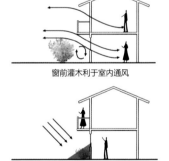

窗前灌木利于室内通风

灌木减少地面反射

在住宅北侧种植高大乔木，可以有效地抵抗冬季寒风。夏季，乔木高于屋顶，可使风通入室内，改善通风效果。南侧种植落叶乔木，夏季有利于降温消暑，冬季落叶后不会遮挡阳光，利于建筑吸收太阳能，提高室内温度。

南侧窗前种植低矮灌木，有利于室内通风，并减少地面反射。

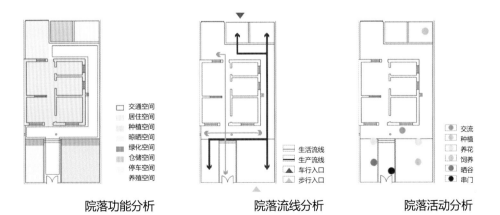

院落功能分析　　　院落流线分析　　　院落活动分析

满族家居新模式图示

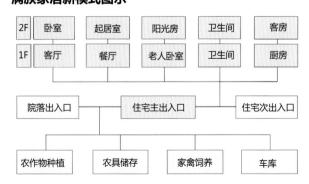

■ 建筑设计与分析

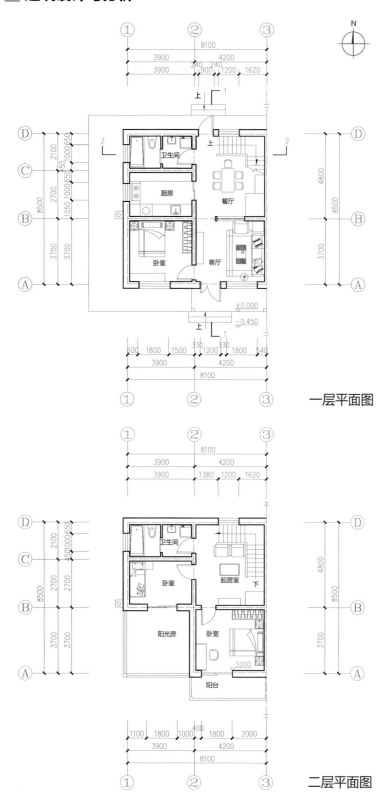

一层平面图

二层平面图

住宅层数为二层。面宽8.1 m，进深8.5 m。一层主要房间为客厅、厨房、餐厅和老人卧室。客厅功能与满族传统的堂屋功能相同，厨房U型布局，便于操作。老人卧室设置在一层，方便老人出入，住宅一层北侧有门通往后院。二层设有起居室，其余房间根据功能需要灵活布置，安排适合不同家庭需要的布局，例如客房或者书房。

辅助房间布置在北向，楼梯间和卫生间作为住宅北侧缓冲空间，在冬季遮挡寒风侵袭，采暖时也可最大限度地节约能源。二层的阳光房则作为南侧缓冲空间，冬季积蓄热量，为其他房间升温，阳光房地面铺设鹅卵石，用于储存能量。

传统独立式楼梯间占地空间较大，设计户型将楼梯间与相邻房间打通，形成一个布局灵活的共同生活空间。一层厨房通过炕灶一体为老人卧室供暖，有效利用能源。

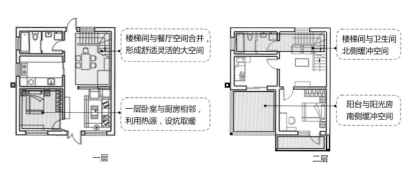

楼梯间与餐厅空间合并形成舒适灵活的大空间

楼梯间与卫生间北侧缓冲空间

一层卧室与厨房相邻，利用热源，设炕取暖

阳台与阳光房南侧缓冲空间

一层　　　　　　　二层

南立面图

东立面图

■ 建筑绿色化设计研究

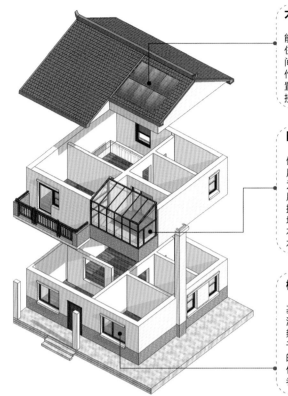

太阳能集热板

屋顶表面铺设太阳能集热板，内部可作为住宅上部的缓冲保护空间，保温隔热，还可兼作太阳能系统设备的放置空间。深色屋顶可以接收更多的太阳辐射

阳光房

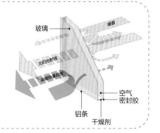

南向阳光房作为南侧的"缓冲层"，使用二次回收的木材作为支撑结构，窗户使用中空玻璃，可以根据需要打开或关闭。墙体材料用土坯或者石材，地面采用鹅卵石储存能量

楼地面

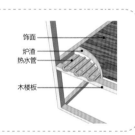

楼地面以木框架为基础，布置太阳能低温辐射采暖系统的地热盘管。地热盘管属于低温辐射，盘管内的水温较低，不会对住宅结构造成变形或者其他影响

细节构造示意图

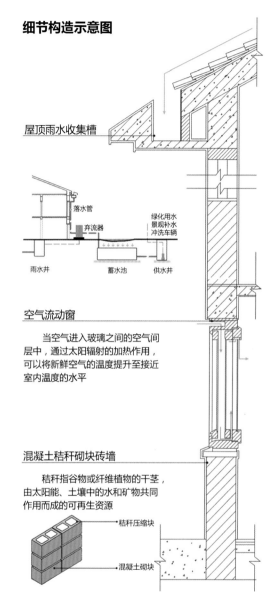

屋顶雨水收集槽

空气流动窗

当空气进入玻璃之间的空气间层中，通过太阳辐射的加热作用，可以将新鲜空气的温度提升至接近室内温度的水平

混凝土秸秆砌块砖墙

秸秆指谷物或纤维植物的干茎，由太阳能、土壤中的水和矿物共同作用而成的可再生资源

能源利用说明

住宅遵循利用可再生能源，减少住宅能源消耗的原则，采用太阳能低温辐射采暖系统作为住宅的主要采暖方式。也可以在卫生间添置炉灶，通过火炕火墙的方式为住宅供暖。其他能源供应包括太阳能热水系统，通过坡屋顶内的热水箱，为住宅提供热水；阳光房利用被动太阳能技术采暖；厨房的新型炕灶为一层的卧室供暖。

太阳能利用需要结合当地的总太阳辐射量以及住宅采暖建筑的面积，计算出所需太阳能集热器的面积。

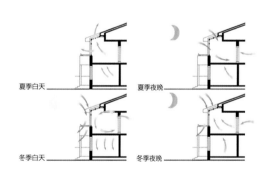

夏季白天　　　夏季夜晚

冬季白天　　　冬季夜晚

建筑剖面图

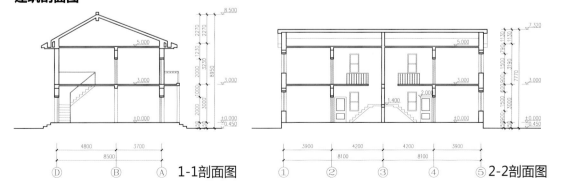

1-1剖面图　　　2-2剖面图

绿色化设计说明

该住宅绿色化设计思想分别从节地、节能、节水、环保和文化方面体现。设计中最大限度地挖掘自然环境的潜能，积极利用其有利条件，避其不利因素，采取自然采光、阳光房等被动式技术策略节约能源。通过雨水收集系统节约用水。墙体采用秸秆等生态建筑材料，降低造价，提高热工性能。充分利用太阳能，采取太阳能低温辐射系统和太阳能热水系统。

结合地域气候特点，选取突显满族文化特色的建筑材料，庭院布局和室内功能布置符合当地居民生活模式和文化习俗。考虑对生态环境的影响，减少对环境的破坏，用最低的成本实现住宅绿色化设计。

3. 满族居住建筑范例三

■ 设计说明

　　住宅以生态化设计为原则，利用可再生能源，节约不可再生资源。使人、住宅和自然环境之间形成良性循环。住宅造型简单，传承满族传统民居的灰砖青瓦白墙，色彩沉稳雅致，局部点缀满族符号，突显满族特色。

　　平面设计方面，功能布局流线清晰。把主要居室放在南向，拥有良好的日照。厨房、卫生间等辅助空间布置在北侧作为住宅的缓冲空间，利于冬季防风保温。二层南侧设有阳台，增强室内接受热辐射的强度，北侧露台夏季可作纳凉空间，冬季兼具储藏功能。

　　技术设计方面，采用严寒地区适宜性节能技术，利用太阳能提供生活热水。通过调整门窗位置充分利用自然通风，墙体采用新型保温节能外围护结构，窗体加弹簧卷帘，冬季防寒、夏季防晒。设置雨水收集系统用于绿化灌溉或车辆清洗，北侧露台做保温种植屋面。遵循因地制宜的理念，建造可持续发展的新住宅。

技术经济指标

户型	四室两厅
总用地面积	210.0 m²
建筑面积	170.8 m²
使用面积	137.6 m²
使用面积系数	0.80
建筑造价	14.3万元

▓ 组团设计与分析

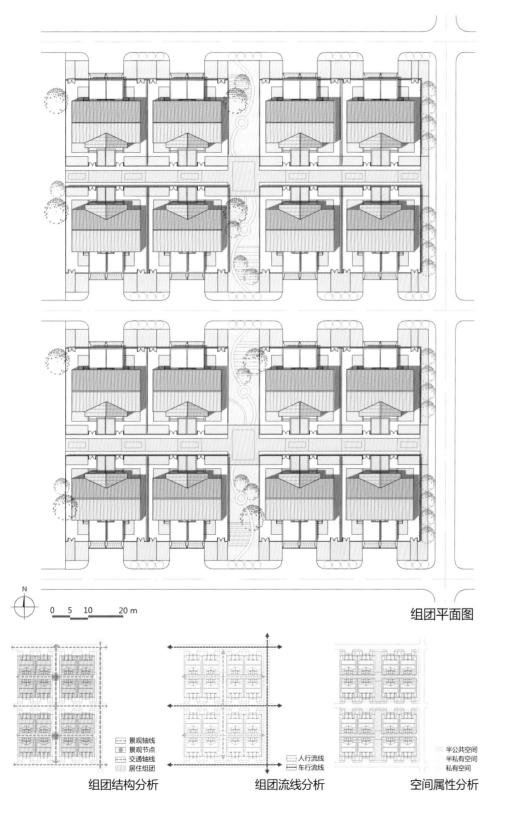

组团设计分析

　　居住组团采取行列式的平面布局，使住宅南北通风流畅，每户都能获得良好的日照和通风条件，居住舒适度较高。交通流线采取人车分流的模式，隔离机动车与行人，创造出安全连续的步行空间。组团内绿化以植物为主体形成南北向的绿化带，可以净化空气、减少尘埃、吸收噪音、遮阳降温、降低风速，改善组团及庭院内微气候，与自然环境和谐共生。

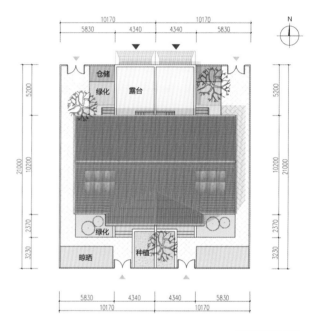

庭院平面图

组团平面图

景观轴线
景观节点
交通轴线
居住组团

组团结构分析

人行流线
车行流线

组团流线分析

半公共空间
半私有空间
私有空间

空间属性分析

院落透视图

　　住宅为两户双拼联立模式，利于冬季保暖防寒，每户庭院占地面积约为210 m²。
　　前院多种植绿化，住宅入口景观优美，前院空间兼具晾晒功能。后院空间用于仓储。配植适量绿化，二层建造环境丰富的露台。

庭院

露台

建筑设计与分析

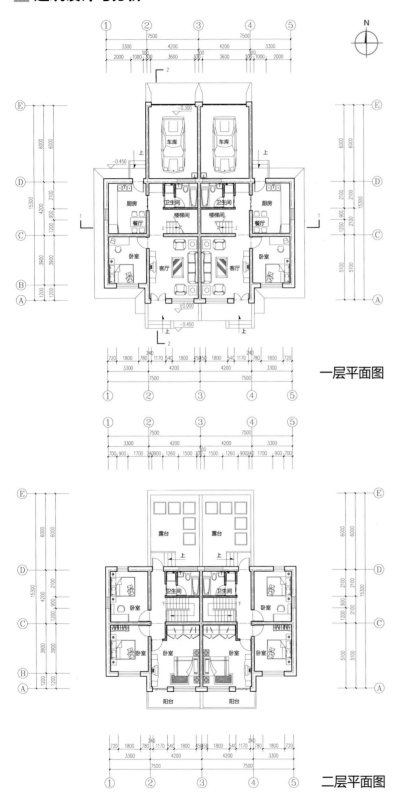

一层平面图

二层平面图

住宅共二层，平面布置紧凑，住宅内动静分区，明确洁污分置、寝居分离，每层设有独立卫生间。按照居民居住习惯，住宅一层以客厅为中心，周围布置有餐厅、厨房和卫生间，设有老人卧室。二层布置大、小卧室，每个房间均有较好的采光通风。

将厨房、楼梯间和卫生间作为住宅北侧缓冲空间，在冬季遮挡寒风侵袭，采暖时可最大限度地节约能源。一层车库位于北侧，利于防寒保暖。南侧开大窗，二层设有阳台，获取更多自然采光，北侧露台设计结合保温种植屋面，空间功能丰富。

住宅通风良好，主要通风结合辅助通风。在一层客厅和二层卧室内可形成自然风循环。功能上将住宅划分为共同生活空间（厨房、客厅和露台）、过渡空间（卫生间和楼梯间）、私人生活空间（卧室），形成既独立又紧密联系的布局。

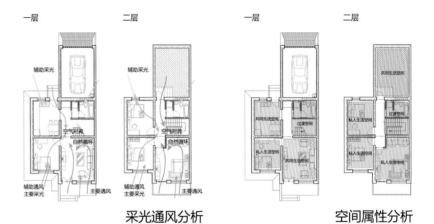

采光通风分析

空间属性分析

南立面图

西立面图

■ 建筑绿色化设计研究

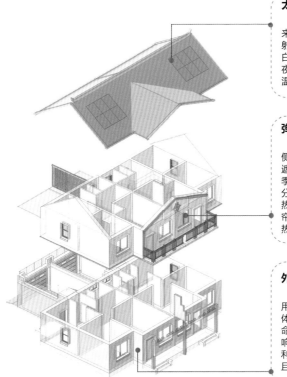

太阳能热水集热器

夏季利用冷水循环来充分吸收屋顶太阳辐射降低室内温度；冬季白天吸收太阳辐射后，夜晚对室内放热形成保温层，并提供生活热水

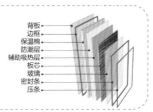

背板
边框
保温棉
防潮层
辅助吸热层
板芯
玻璃
密封层
压条

弹簧卷帘

南向房间的窗户外侧设置弹簧卷帘，冬季遮光挡风。在炎热的夏季可以将卷帘拉下，部分热量会被反射，对流热量和辐射热量会被卷帘吸收。剩余少部分的热量透过卷帘进入室内

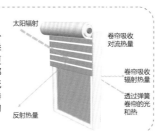

太阳辐射
卷帘吸收对流热量
卷帘吸收辐射热量
透过弹簧卷帘的光和热
反射热量

外墙外保温

外墙外保温方式适用范围广。可以保护主体结构，延长建筑物寿命，有效地消除热桥影响并避免墙体潮湿，有利于维持室温稳定，而且不影响室内使用面积

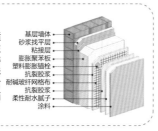

基层墙体
砂浆找平层
粘接层
膨胀聚苯板
塑料膨胀锚栓
抗裂胶浆
耐碱玻纤网格布
抗裂胶浆
柔性耐水腻子
涂料

能源利用说明

对住宅的围护结构和设备系统进行设计和优化。在平面布局和建筑设计中充分考虑通风、日照和采光，使用绿色建筑材料，节能保温墙体以及屋面保温的方式，提高围护结构热工性能。屋顶设有太阳能集热板，利用可以循环再生的太阳能，将其用于采暖、生活热水和照明。设置雨水收集系统，屋檐雨水收集槽或庭院地面收集的雨水经处理后可用于景观补水、绿化浇洒、洗车用水、冲厕用水等非饮用水水源。

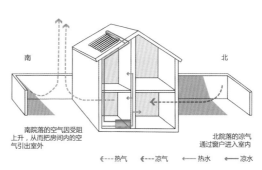

南
北

南院落的空气因受阻上升，从而把房间内的空气引出室外
北院落的凉气通过窗户进入室内

← →热气 ← →凉气 → 热水 → 凉水

建筑剖面图

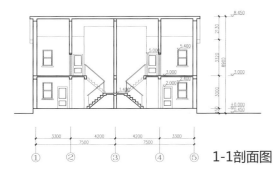

1-1剖面图

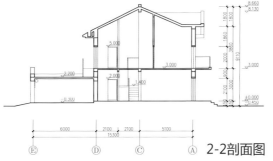

2-2剖面图

保温种植屋面

北侧露台是室内和室外的交汇点，在周边风景的衬托下，形成与室内截然不同的气氛，露台的外壁突出，阳光充足，比室内适合莳花栽草，晒衣待干。严寒地区可根据气候和居民需求建造保温种植屋面。

保温种植屋面的优点

■ 保温种植屋面适用于严寒地区，保温材料重量轻；
■ 适合面积比较大的屋面；
■ 维护少，寿命长；
■ 一般不需要特别的灌溉和排水系统；
■ 屋面建造不需要特别专业的技术力量；
■ 比较适合翻修屋面工程；
■ 选取抗逆性强，易栽易活易管护，植被可自然生长；
■ 屋面系统造价低；
■ 露台景观丰富，亲近自然环境，改善住宅微气候。

细部构造

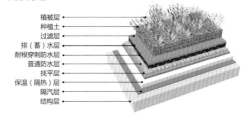

植被层
种植土
过滤层
排（蓄）水层
耐根穿刺防水层
普通防水层
找平层
保温（隔热）层
隔汽层
结构层

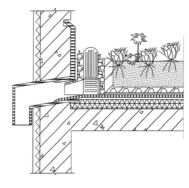

种植屋面可在屋面防水层上覆土或铺设锯末、蛭石等松散材料，并种植植物，可以起到隔热作用。女儿墙处要设置排水构造，排水罩伸出卵石排出地表雨水。

绿色化设计说明

住宅设计遵循节地、节能、节水、节材的原则。尽可能降低能源消耗，使用被动技术，一方面着眼于减少能源的使用，一方面利用低品质能源和再生能源；尽可能节水，包括对生活污水的再利用，采用节水器具、雨水收集等方式；尽可能降低建筑材料消耗，使用绿色节能环保材料，建造绿色生态住宅。

住宅设计时注重与当地自然环境、文化环境和谐共生。结合严寒地区的气候环境，因地制宜，保护自然生态环境，减少能源和资源的浪费。建筑形态体现满族文化特色，建筑功能适应当地人的生活行为习俗。

3.1.4 朝鲜族居住建筑

1. 朝鲜族居住建筑范例一

▓ 设计说明

　　在设计朝鲜族农村住宅中充分尊重朝鲜族居民生活习惯，采用灶炕式采暖系统。充分考虑当地经济技术现状，坚持"以人为本"的设计理念，采用当地容易获得的材料与技术，充分节能、节材、节财。

　　建筑主体布置在院落北部，附属房屋布置在院落西侧，东侧的设置满足了机动车停放需求的停车空间，南侧的种植空间满足生产、生活和美化环境的需求，设计了具有朝鲜族特点的可变式阳光房由室外公共空间向室内空间的过渡、承接与缓冲。这样的布局利于冬季遮挡寒风，并在院落形成好的光环境，利于作物生长与家畜饲养。

　　尊重朝鲜族民居传统的布局特点，起居空间置于房屋的南侧，北侧布置厨卫空间与储藏空间。卧室的安排满足朝鲜族对于"长幼有序，尊卑有别"的要求。此外，根据节能需要，对传统布局进行一定的改进。

技术经济指标

户型	两室一厅
总用地面积	290.0 m²
建筑面积	90.5 m²
使用面积	69.4 m²
使用面积系数	0.77
建筑造价	6.5万元

■ 院落设计与分析

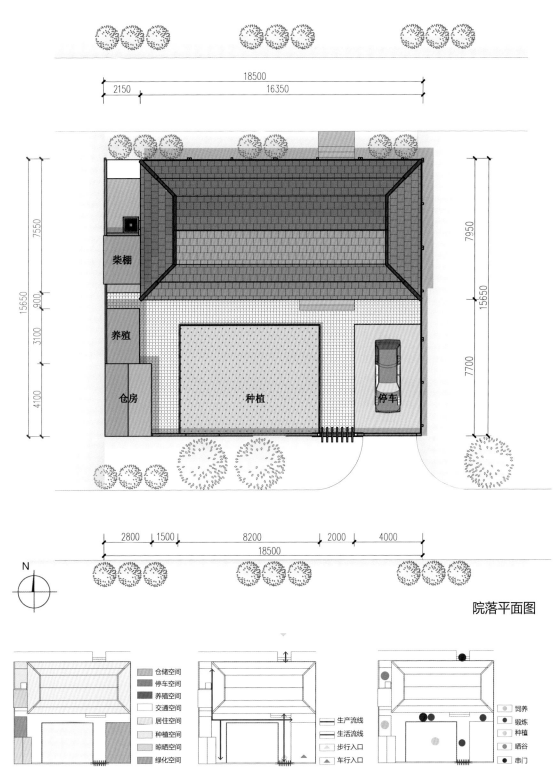

院落平面图

院落功能分析　　　院落流线分析　　　院落活动分析

仓储空间
停车空间
养殖空间
交通空间
居住空间
种植空间
晾晒空间
绿化空间

生产流线
生活流线
步行入口
车行入口

饲养
锻炼
种植
晒谷
串门

院落设计说明

　　院落布局遵循正房坐北朝南的形式，各类功能紧凑布局，生活与生产分区布置。根据气候特点，将构筑物安排在院落西南侧抵御冬季盛行风，东侧设置停车处，南侧较开敞，利于在院落中形成良好的光环境。庭院种植适宜寒地环境的常绿植物，使院落的四季环境优美，富有生机。院落的设计符合绿色村镇新建宅基地大小的各项指标，并符合绿色节地的各项要求。

	居住	仓储	种植	养殖	硬质铺地	合计
面积/m²	130.5	18.5	54.0	7.0	80.0	290.0
比例/%	44.8	6.4	18.6	2.4	27.8	100.0

庭院透视图

朝鲜族家居功能模式图示

| 储藏室 | 卫生间 | 厨房 | 门斗 | 起居室 |

| 院落出入口 | 住宅主出入口 | 住宅次出入口 |

| 农作物种植 | 停车处 | 家禽饲养 | 仓储 |

　　院落的功能分区依照朝鲜族居民的习惯布置，整体布局有序且利于居民弹性安排。种植、养殖与晒谷等生产类功能安排在院落南侧，环绕居住布置。这样生活流线基本呈直线贯穿院落南北，而生产流线环绕居住、渗透进院内。与生活交际、日常锻炼相关的活动可以在依附建筑的入口空间附近进行，拥有较佳的物理环境。

建筑设计与分析

平面设计说明

　　设计既满足朝鲜族居民的传统习惯，又为应对严寒地区气候做了节能保温方面的考虑，延续了传统民居的大面宽布局。功能布局上呈现西侧起居、东侧辅助的明显分区特点，这样洁污分离的空间便于居民使用。其中起居空间利用活动隔墙进行分割，利于空间分配与满足不同季节的通风需要。根据朝鲜族风俗习惯安排卧室，长辈卧室临近正间，晚辈卧室反之。这样布局体现了其长幼有序，尊卑有别的思想。在继承传统民居住宅优点的同时，在门斗、偏廊与门户等处理方面做了一系列改进，适应严寒地区节能保温的需要。

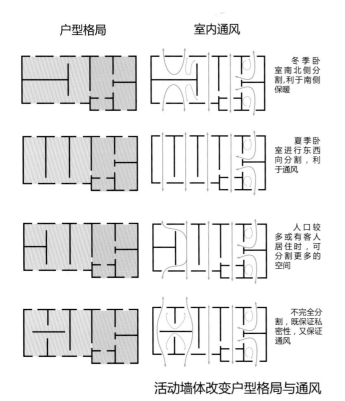

户型格局　　　室内通风

冬季卧室南北侧分割，利于南侧保暖

夏季卧室进行东西向分割，利于通风

人口较多或有客人居住时，可分割更多的空间

不完全分割，既保证私密性，又保证通风

活动墙体改变户型格局与通风

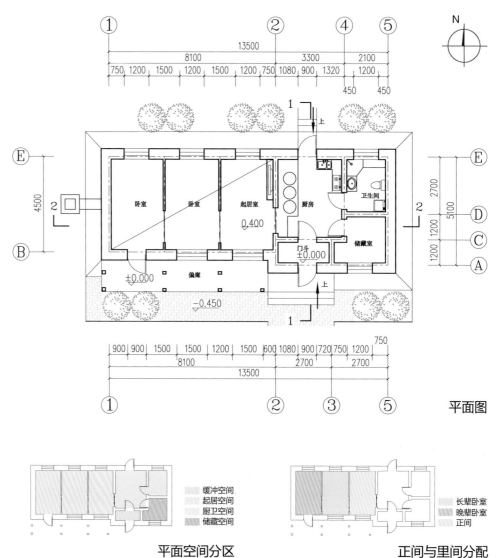

平面图

平面空间分区
- 缓冲空间
- 起居空间
- 厨卫空间
- 储藏空间

正间与里间分配
- 长辈卧室
- 晚辈卧室
- 正间

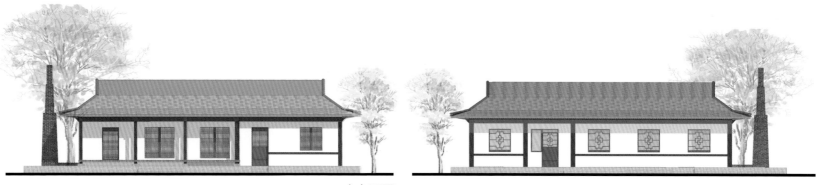

南立面图　　　　　　北立面图

■ 建筑绿色化设计研究

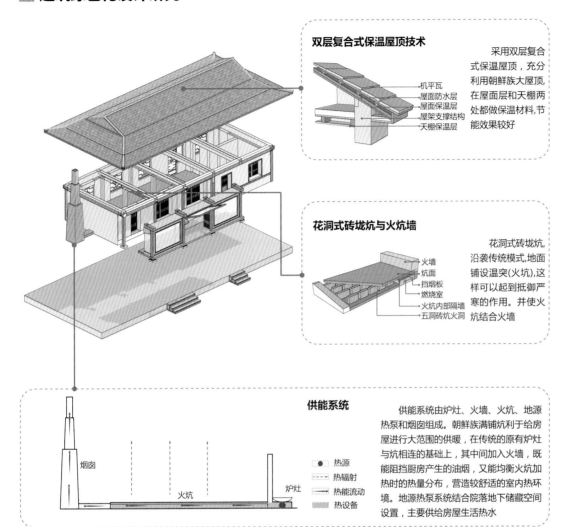

双层复合式保温屋顶技术

采用双层复合式保温屋顶,充分利用朝鲜族大屋顶,在屋面层和天棚两处都做保温材料,节能效果较好

机平瓦
屋面防水层
屋面保温层
屋架支撑结构
天棚保温层

花洞式砖垅炕与火炕墙

花洞式砖垅炕,沿袭传统模式,地面铺设温突(火炕),这样可以起到抵御严寒的作用。并使火炕结合火墙

火墙
炕面
挡烟板
燃烧室
火炕内部隔墙
五洞砖炕火洞

供能系统

供能系统由炉灶、火墙、火炕、地源热泵和烟囱组成。朝鲜族满铺炕炕利于给房屋进行大范围的供暖,在传统的原有炉灶与炕相连的基础上,其中间加入火墙,既能阻挡厨房产生的油烟,又能均衡火炕加热时的热量分布,营造较舒适的室内热环境。地源热泵系统结合院落地下储藏空间设置,主要供给房屋生活热水

● 热源
---- 热辐射
━━ 热能流动
▨ 热设备

烟囱
火炕
炉灶

阳光房工作原理图

冬季将上方安置的活动太阳板放下,成为保温的阳光间,阻挡寒风,利于室内保持较好的物理环境。

太阳板
---→ 阳光
━━ 通风
▨ 保温空间

冬季工作示意图

夏季收起太阳板,可以形成通风空间,便于其作为凉亭,使用者可以进行各类休闲、家务、访友活动。

---→ 阳光
━━ 通风

夏季工作示意图

防冻浅基础

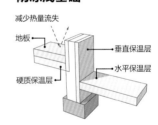

减少热量流失
地板
硬质保温层
垂直保温层
水平保温层

防冻浅基础一般由垂直和水平保温层组成,它们的R值和尺寸根据气候决定,寒冷气候同时使用水平和垂直保温构造。

建筑剖面图

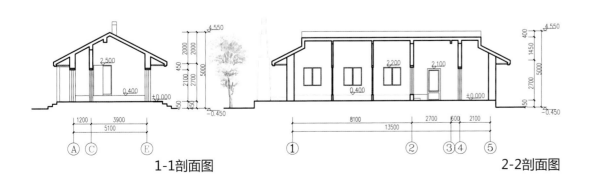

1-1剖面图

2-2剖面图

绿色化设计说明

设计针对严寒地区农村的朝鲜族住宅,所运用的绿色化技术既能满足朝鲜族居民的生活习惯,并且能够适应严寒气候的特点,经济节能、绿色可持续。

住宅针对屋顶、阳光房和火炕墙系统进行主要的绿色化设计。考虑到农村地区的经济情况,选择灶炕传统模式,进行火炕墙式的供能系统改造。朝鲜族屋顶本身较大,着重这部分保温节能设计,根据农村地区发展现状,采用双层复合式保温屋顶技术,结合倒置式屋顶施工方法,是经济适用的朝鲜族农村住宅。

2. 朝鲜族居住建筑范例二

▦ 设计说明

　　坚持以"实用、经济、生态、现代"的设计理念，通过对当地农村发展现状，农民生活、工作方式及居住需求的关心与关注，意图通过朝鲜族传统民居建筑的继承与创新，创建适合新时期朝鲜族的建筑形式。

　　院落布置方面，建筑主体布置在院落北侧，南侧空间用作绿化与养殖；燃料和仓储临近厨房，方便厨房做饭与采暖时使用燃料；车库设于房屋北侧室内，利于冬季保暖，且与庭院北出口临近，方便农民劳作出入。

　　设计尊重朝鲜族传统民居大面宽起居空间形式，同时为达到建筑节能要求，对空间进行紧凑布局，分区上充分考虑外界环境对各房间的影响。充分利用太阳能资源，不仅将重要的生活空间布置于南向，而且起居室外面设置偏廊，形成一个"热阻尼区"。设计还考虑三代人居住时，不同年龄人对于空间的需求，方便使用。

技术经济指标

户型	三室二厅
总用地面积	280.0 m²
建筑面积	172.4 m²
使用面积	142.4 m²
使用面积系数	0.83
建筑造价	14.7万元

院落设计与分析

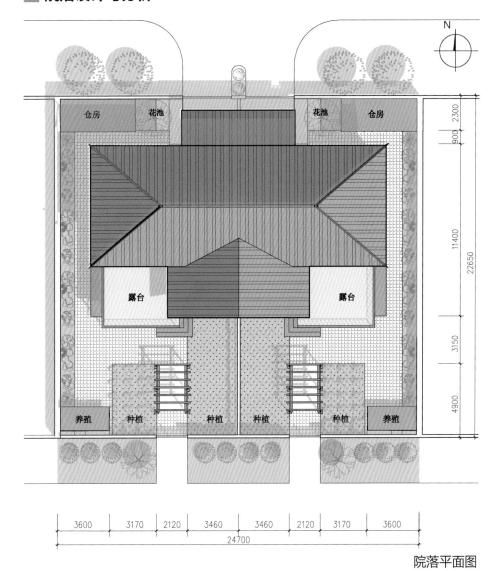

院落平面图

院落设计说明

联立独院式设计，平面格局占地面积少，节约土地资源。通过大前院—住宅—小后院的院落体系组织功能空间，整体流线符合朝鲜族人生活习惯，庭院预留土地，供种植蔬果和农作物、花卉等，既美化环境，又有实际的经济用途，突出空间与环境的相互交融。方案考虑村镇建设用地实际，建筑结合庭院形成矩形用地，使得方案组合起来更加灵活，既可做独立布置，又可做联排布置，符合现代文明生活方式。

	居住	仓储	种植	养殖	硬质铺地	合计
面积/m²	123.5	11.5	58.0	7.0	80.0	280.0
比例/%	44.1	4.1	20.7	2.5	28.6	100.0

朝鲜族家居功能模式图示

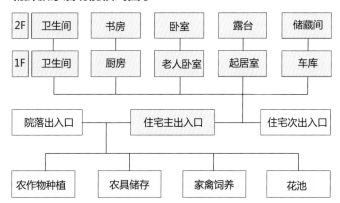

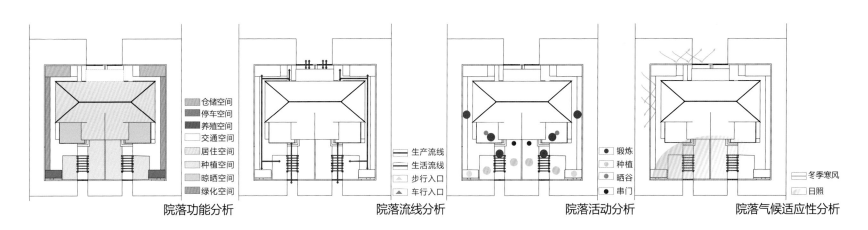

院落功能分析　　院落流线分析　　院落活动分析　　院落气候适应性分析

建筑设计与分析

　　严寒地区的朝鲜族家庭普遍相对较富裕，该户型能够满足一般朝鲜族的居住需求，适宜三代人口家庭居住。一层卧室适合老人居住，有火炕铺设；二层有卧室与书房相连接，适合学龄期青少年使用；起居空间与偏廊连接，便于夏季作为家务与休闲的场所，冬季装置太阳板起到保温的效果；车库位于一层北侧，方便住户从北侧院门直接进入住宅。户型干湿功能分离，利于打扫，利用卫生间、厨房转角空间，使用太阳能热水装置与锅炉联合供暖，向上下两层供热。

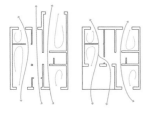 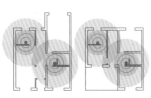 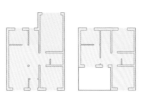

户型南北通透，通风顺畅。能保持空气质量与适宜的温度、湿度，节约能源。

厨房与卫生间转角处设置炉灶与火炕墙共同供暖，热辐射范围满足供暖需求。

起居与家务空间适当分离，起居空间占据向阳的有利位置，符合使用需要。

南立面图

北立面图

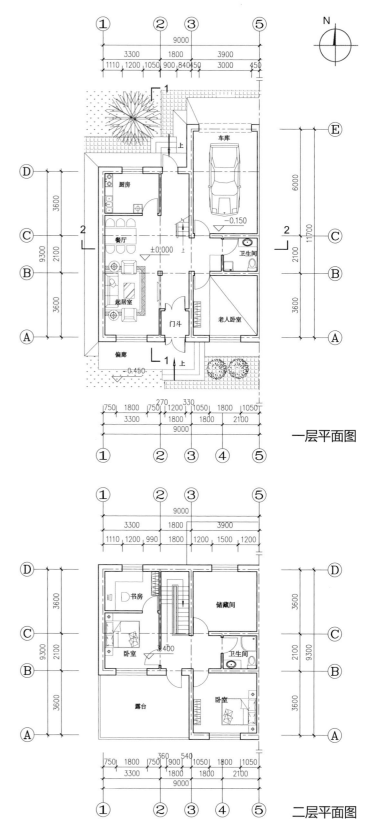

一层平面图

二层平面图

■ 建筑绿色化设计研究

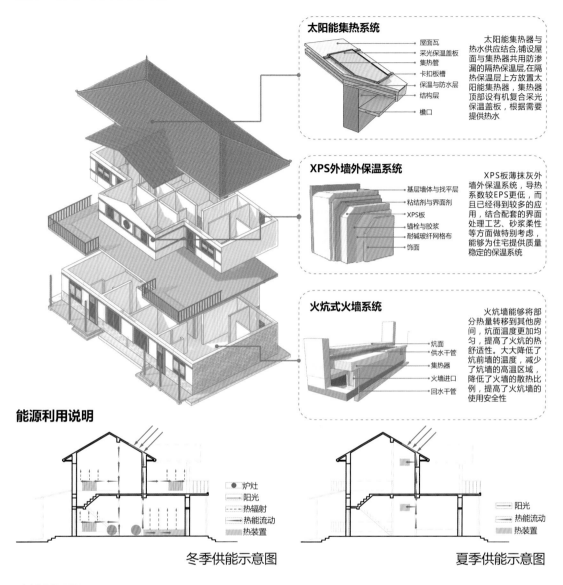

太阳能集热系统

屋面瓦
采光保温盖板
集热管
卡扣板槽
保温与防水层
结构层
檐口

太阳能集热器与热水供应结合，铺设屋面与集热器共用防渗漏的隔热保温层，在隔热保温层上方放置太阳能集热器，集热器顶部设有机复合采光保温盖板，根据需要提供热水

XPS外墙外保温系统

基层墙体与找平层
粘结剂与界面剂
XPS板
锚栓与胶浆
耐碱玻纤网格布
饰面

XPS板薄抹灰外墙外保温系统，导热系数较EPS更低，而且已经得到较多的应用，结合配套的界面处理工艺、砂浆柔性等方面做特别考虑，能够为住宅提供质量稳定的保温系统

火炕式火墙系统

炕面
供水干管
集热器
火墙进口
回水干管

火炕墙能够将部分热量转移到其他房间，炕面温度更加均匀，提高了火炕的热舒适性。大大降低了炕前墙的温度，减少了炕墙的高温区域，降低了火墙的散热比例，提高了火炕墙的使用安全性

能源利用说明

● 炉灶
— 阳光
--- 热辐射
— 热能流动
▨ 热装置

冬季供能示意图

— 阳光
— 热能流动
▨ 热装置

夏季供能示意图

建筑剖面图

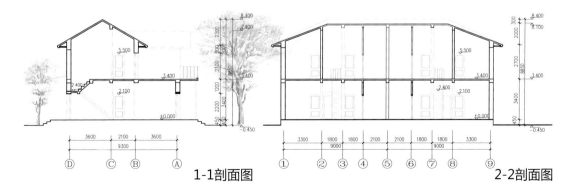

1-1剖面图

2-2剖面图

民族特色元素运用

建筑装饰艺术是在人们的生活中逐渐形成的，它展示出人们的人生观、价值观、民俗观、自然观、宗教观和艺术观。这些在朝鲜族传统民居建筑装饰艺术中均有体现。朝鲜族民居通过对屋顶、门窗、纹饰、材料颜色与偏廊装饰等民族元素的运用，形成鲜明的民族风情和特色。外围结构方面主要是对屋顶门窗形式的选择，构成朝鲜族民居外部特征主要因素。颜色与材质的选择适应当地居民的民族习惯与地方材料特点，突显出设计的本土特色。

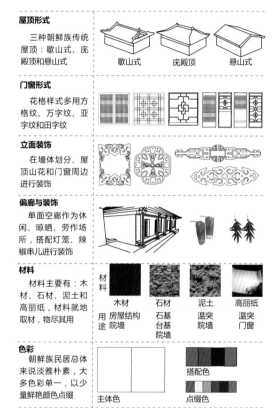

屋顶形式			
三种朝鲜族传统屋顶：歇山式、庑殿顶和悬山式	歇山式	庑殿顶	悬山式
门窗形式			
花格样式多用方格纹、万字纹、亚字纹和田字纹			
立面装饰			
在墙体划分、屋顶山花和门窗周边进行装饰			
偏廊与装饰			
单面空廊作为休闲、晾晒、劳作场所，搭配灯笼、辣椒串儿进行装饰			
材料	材料		
材料主要有：木材、石材、泥土和高丽纸，材料就地取材，物尽其用	木材 用途 房屋结构 院墙	石材 石基 台基 院墙	泥土 温突 院墙 / 高丽纸 温突 门窗
色彩			
朝鲜族民居总体来说淡雅朴素，大多色彩单一，以少量鲜艳颜色点缀	主体色	搭配色 / 点缀色	

绿色化设计说明

设计考虑严寒气候，主要从供暖方式、墙体结构两方面考虑住宅的绿色节能。利用屋顶太阳能集热器与炉灶，对炕与火墙进行联合供热；墙体结构采用XPS板外墙外保温系统，较为适合寒地特征。出于节能、易于产业化加工考虑，屋顶结构使用预制混凝土板，墙体采用烧结多孔砖，根据朝鲜族营造房屋的偏好，院墙与台基使用当地天然石材。

为尊重民族特色与居民喜好，对建筑屋顶、门窗、山墙、色彩等做朝鲜族民族特色处理，利用传统纹饰进行点缀。并且保留朝鲜族传统住宅的一些构筑物，如偏廊，满足居民生活习惯要求，体现民族特色。

3. 朝鲜族居住建筑三

■ 设计说明

　　设计为朝鲜族镇区住宅，考虑到传统的院落形式对土地资源占用较大，为了更加适应现代建筑对节地方面的要求，设计采用了紧凑的前后排共用一条道路的街坊式布局，提高了建筑容积率，有效节约了土地资源。

　　建筑立面设计方面，线条舒展、简洁，特色突出，个性鲜明。 此外选择朝鲜族传统住宅惯用配色，主色调为白色，奠定建筑的基调色；赭石、深红等朝鲜族民居的常用颜色作为辅助色；蓝色、黑色作为建筑点缀色，赋予其鲜明的民族风情和特色。充分利用屋面空间，安装太阳能集热器。

　　建筑造型采用朝鲜族特色的悬山顶，运用朝鲜族传饰纹饰，对建筑立面，尤其是墙体划分、屋顶山花和门窗周边进行装饰，通过室外开敞门廊丰富建筑立面和空间，既丰富了农村的生活环境，又不缺乏现代气息。同时，简单的建筑形体和建筑构造便于施工，可有效地降低造价。

技术经济指标

户型	三室两厅
总用地面积	189.0 m²
建筑面积	168.3 m²
使用面积	133.0 m²
使用面积系数	0.79
建筑造价	13.7万元

■ 组团设计与分析

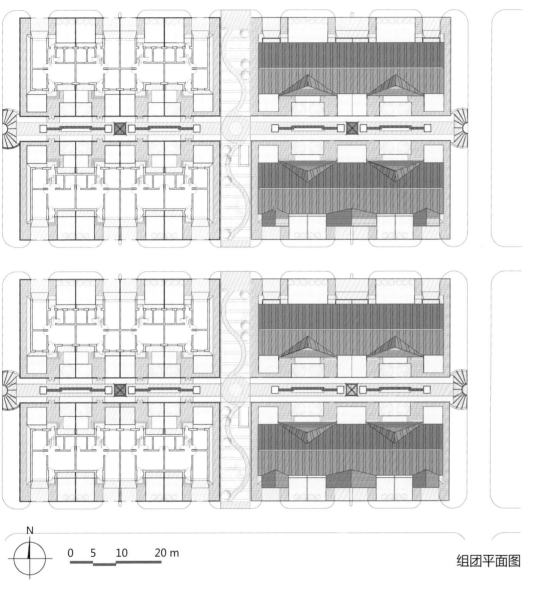

N

0 5 10   20 m

组团平面图

组团设计说明

　　设计考虑到组团中不同户型与院落的组合，房屋处于院落中部，北部少量绿化，南部为种植与绿化。四户住宅拼成一个整体，将车行系统与人行系统分开设置。空间私密程度由组团外向组团内逐渐过渡。院落的组合利于形成良好的空气流通和光环境，结合组团内部的绿化种植，形成空间环境宜人游憩空间，组团内其他景观依托步行空间设置，每户住宅的人行入口都与步行流线相连通。主要车行流线布置在组团外围，减少对内部居民的干扰。选择朝鲜族居民偏好的松柏类植物作为主要树种，杨树作基调树种，与适应严寒地区气候的植物配植。

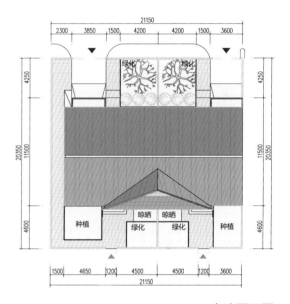

庭院平面图

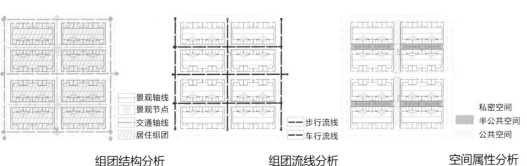

组团结构分析　　　　　　组团流线分析　　　　　　空间属性分析

景观轴线
景观节点
交通轴线
居住组团

步行流线
车行流线

私密空间
半公共空间
公共空间

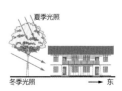

　　考虑不同季节的气候特点，庭院周边进行适当的绿化配植，以达到良好的物理环境。

庭院种植与微气候

建筑设计与分析

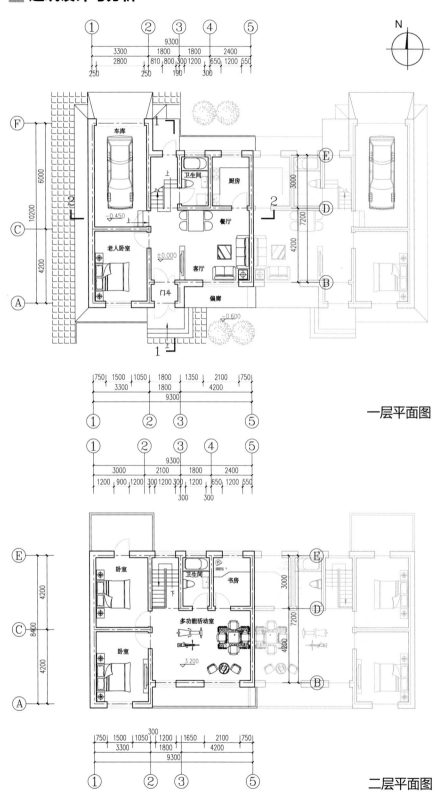

一层平面图

二层平面图

平面设计说明

考虑到朝鲜族居民对大面宽的起居空间需求，在一层和二层均设有面宽较大的起居空间，一层作为客厅使用，二层作为自家的活动室使用。户型配备三间卧室以供三代的家庭成员使用，两层均设置有卫生间。老人卧室设置在一楼，免于老人受到上下楼不便带来的困扰。一层北侧设有车库，方便冬季车辆保暖。户型设计考虑房间重要程度以及采光、通风等方面要求，将重要的生活空间布置于南向，厨卫、车库等附属空间布置于北向，做到洁污空间的分离，方便居住者使用。

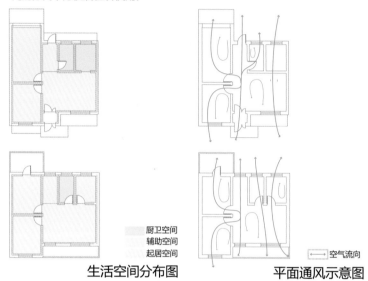

生活空间分布图　　　　平面通风示意图

■ 厨卫空间
■ 辅助空间
■ 起居空间

← → 空气流向

南立面图

北立面图

建筑绿色化设计研究

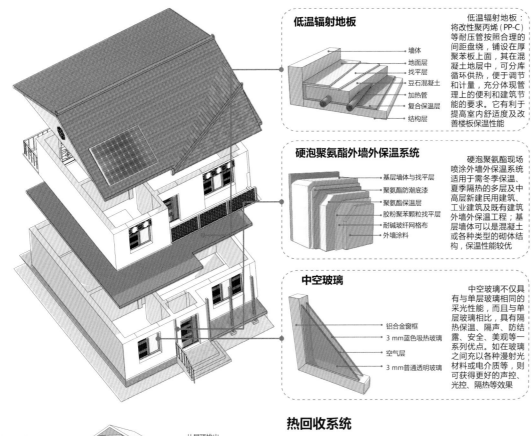

低温辐射地板

- 墙体
- 地面层
- 找平层
- 豆石混凝土
- 加热管
- 复合保温层
- 结构层

低温辐射地板：将改性聚丙烯（PP-C）等耐压管按照合理的间距盘绕，铺设在厚聚苯板上面，其在混凝土地层中，可分库循环供热，便于调节和计量，充分体现管理上的便利和建筑节能的要求。它有利于提高室内舒适度及改善楼板保温性能

硬泡聚氨酯外墙外保温系统

- 基层墙体与找平层
- 聚氨酯防潮底漆
- 聚氨酯保温层
- 胶粉聚苯颗粒找平层
- 耐碱玻纤网格布
- 外墙涂料

硬泡聚氨酯现场喷涂外墙外保温系统适用于需冬季保温、夏季隔热的多层及中高层新建民用建筑、工业建筑及既有建筑外墙外保温工程；基层墙体可以是混凝土或各种类型的砌体结构，保温性能较优

中空玻璃

- 铝合金窗框
- 3 mm蓝色吸热玻璃
- 空气层
- 3 mm普通透明玻璃

中空玻璃不仅具有与单层玻璃相同的采光性能，而且与单层玻璃相比，具有隔热保温、隔声、防结露、安全、美观等一系列优点。如在玻璃之间充以各种漫射光材料或电介质等，则可获得更好的声控、光控、隔热等效果

热回收系统

热回收系统，除了考虑如何对新空气进行加热，还考虑了如何回收利用废气里的热量，才能将能耗降到最低。原理上是将温度低的新风和温度高的废气进行交叉传热，不仅利用了废气里的热量，还起到对新风加热的目的。热交换系统一般安装在建筑屋架的三角形空间中，一方面节省了室内空间，一方面温度较高的室内废气可以通过浮力上升至屋顶，而只需在新风供给处安装风扇，节约用电。

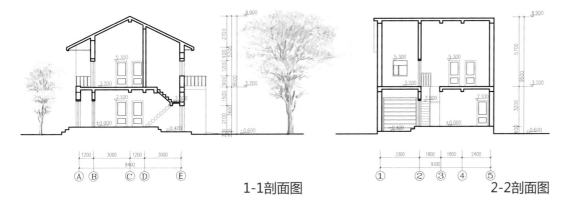

- 从屋顶引入外部新空气
- 回收至热交换器
- 厨房排风机
- 从屋顶排出室内废气
- 供应给室内
- 卫生间排风口

建筑剖面图

- ±8.900
- 5.300
- 3.200
- 2.100
- ±0.000
- -0.600

1200 3000 1200 3000
8400
Ⓐ Ⓑ Ⓒ Ⓓ Ⓔ

1-1剖面图

- ±8.900
- 5.300
- 3.200
- 2.100
- ±0.000
- -0.600

3300 1800 1800 2400
9300
① ② ③ ④ ⑤

2-2剖面图

能源利用说明

- 阳光
- 热辐射
- 热能流动
- 地热系统
- 供热进水管
- 供热回水管

冬季供能示意图

- 阳光
- 热能流动
- 热水器
- 阀门

夏季供能示意图

冬季，利用供热管道与太阳能集热器对地热系统进行联合加热，热辐射范围覆盖整个住宅。热舒适性较好，且符合朝鲜族居民生活习惯。

夏季，关闭地热系统阀门，利用太阳能集热系统加热热水器，热水供生活用水及洗浴使用。集热器敷设角度垂直于冬季太阳高度角，利于集热。

绿色化设计说明

设计针对镇区朝鲜族住宅，充分考虑镇区朝鲜族居民的经济水平、严寒地区气候特点与朝鲜族人的生活习惯，形成了切实可行的绿色设计方案。

该住宅主要针对楼板、墙体和门窗做主要的绿色化设计。采用太阳能集热器与供热管道一同供暖，低温辐射地板的形式既符合朝鲜族居民的传统习惯，又具有较高的热舒适性。墙体选用硬泡聚氨酯现场喷涂外墙外保温系统，适应镇区条件，节能特性较优。窗户选择中空玻璃，诸方面节能效果都较佳。

3.2 严寒地区村镇公共建筑范例

PUBLIC BUILDING EXAMPLES OF VILLAGES AND TOWNS IN THE COLD REGION

3.2.1 新农村服务中心

设计说明

　　本设计定位为农村居民服务与村务办公一体化的综合公共建筑，适用于中等富裕的社会主义新农村，满足村民日常事务办理与文化生活需求，在传统村委会功能与规模的基础上进行设计创新，旨在为新农村社区化建设提供条件良好的服务设施与场所，并对同类村庄起到一定的示范作用。

　　平面设计采取L型线性布局，功能分区明确，空间布局完善合理，根据不同功能需求设计房间尺度，主要功能房间朝向南侧，并结合保温种植屋面设置屋顶花园，提高建筑空间的利用效率。形体设计采用坡屋顶，建筑体块变化丰富，立面颜色朴实简洁，体现现代农村社区的新风貌。南向立面开窗窄而高，抵御冬季寒风的同时，可以延长房间接受日照辐射的时间，窗面深入墙体，靠近室内一侧，利用墙体厚度起到夏季遮阳的作用，以适应严寒地区的气候特征，提高室内环境舒适度。

技术经济指标

	总用地面积	900.0㎡
	总建筑面积	487.3㎡
其中	一层面积	346.2㎡
	二层面积	141.1㎡
	建筑密度	38.5%
	容积率	0.54
	绿地率	36%

■ 建筑剖面与院落设计

院落设计分析

　　新农村服务中心既是村委会工作人员的办公场所，也是村民进行文化体育活动的主要场所，是村民与村务管理人员交流的中心。在节约集约利用土地的前提下提供复合高效的空间环境，尽可能丰富村民的生产生活需求，并便于行政管理。将南向庭院细分成多功能场地，承载娱乐、集会、停车、休憩、健身等活动。

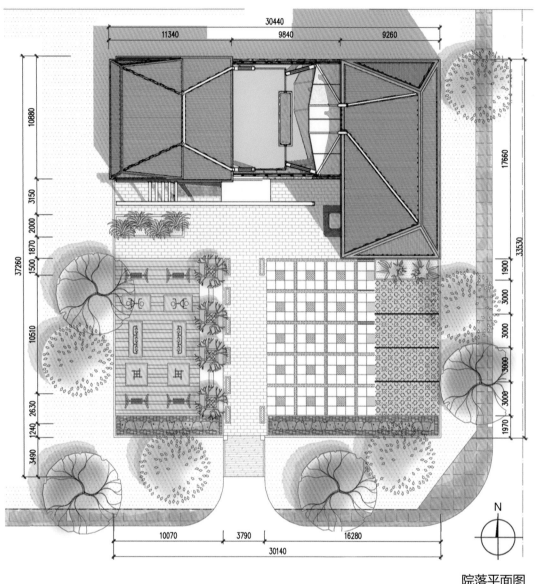

院落平面图

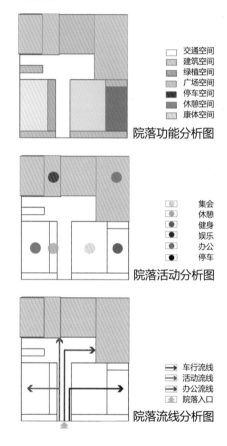

院落功能分析图

□	交通空间
	建筑空间
	绿植空间
	广场空间
■	停车空间
	休憩空间
	康体空间

院落活动分析图

	集会
	休憩
	健身
	娱乐
	办公
●	停车

院落流线分析图

→	车行流线
→	活动流线
→	办公流线
	院落入口

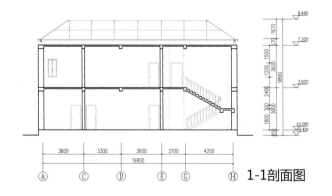

1-1剖面图

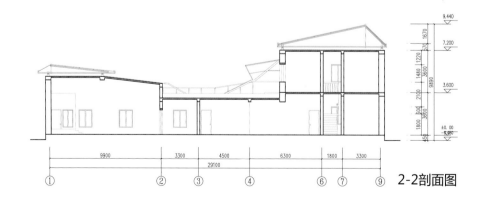

2-2剖面图

■ 建筑设计与分析

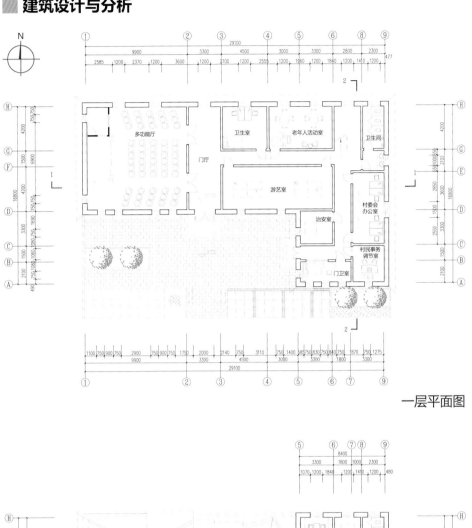

一层平面图

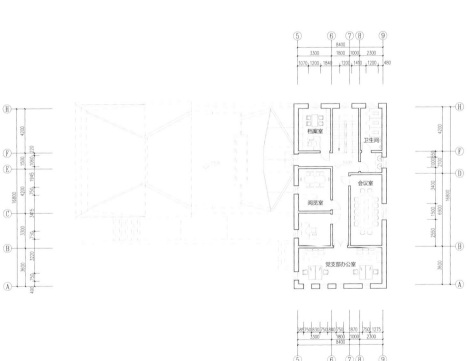

二层平面图

农村社区是社会的基层单位，是农民生活的场所和满足居民多样化需求的基础平台，也是社会管理的基础环节，农村社区的协调关系整个社会的和谐稳定。

新农村服务中心的建筑主体分为两大部分：一是以村民生活服务为主的活动区，二是以处理村务为主的办公区，分别设有出入口，流线互不干扰，同时具有很好的连通性。建筑设计充分体现农村风貌，墙体利用旧村改造中废弃的红砖，结合浇筑混凝土构件构成立面。

建筑屋顶采取雨水收集技术，利用建筑空间形成的高差设计不对称坡屋顶，并在室外屋顶平台设计屋顶花园，将雨水储存在屋顶花园的蓄水池中，充分体现建筑绿色化示范性。

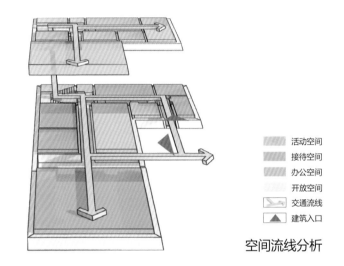

活动空间
接待空间
办公空间
开放空间
交通流线
建筑入口

空间流线分析

西立面图

南立面图

3.2.2 乡镇政府综合办公楼

▇ 设计说明

　　乡镇政府综合办公楼的总用地面积为2 100 m²，主体建筑为三层，局部为四层，层高为3.3 m。外立面简洁庄重，交通流线清晰，功能布局合理。

　　该建筑全面涵盖乡镇政府的各项办公职能，体现便民利民的服务原则。在平面布局中，将政府职能部门的设置分为便民惠民服务区域、镇区相关办公机构区域、镇政府职能办公区域和会议活动区域。便民惠民服务区域设置办证大厅、信访办等；镇区相关办公机构区域设置司法所、统计站等；镇政府职能办公区域设置各级领导的办公室、职员办公室等；会议活动区域设置活动室、会议室等。考虑到保温及采光的需求，南侧窗墙比大于北侧。在立面设计中，采用对称的手法，运用笔直的线条，立面颜色选取深灰色与棕褐色，给人以简洁庄重之感；增加对门窗及檐口的细节处理，给人以亲切之感。

技术经济指标

总用地面积	2 100 m²
建筑面积	1 886 m²
使用面积	1 636 m²
建筑密度	27%
容积率	0.90
绿地率	37%

建筑设计与分析

乡镇政府综合办公楼的层数为四层，层高为3.3 m，功能配置多样齐全，交通流线有序合理，可以满足工作人员的办公需求。

乡镇政府综合办公楼的首层平面职能以便民的服务机构为主，二层平面职能以镇区相关分支机构为主，三层平面职能为镇政府职能办公区，四层平面职能为会议室及相关活动场所。办公楼功能分区管理，最大限度地方便了群众使用。

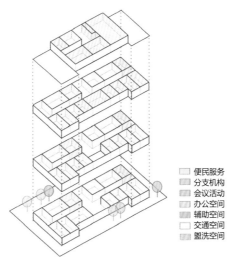

便民服务
分支机构
会议活动
办公空间
辅助空间
交通空间
盥洗空间

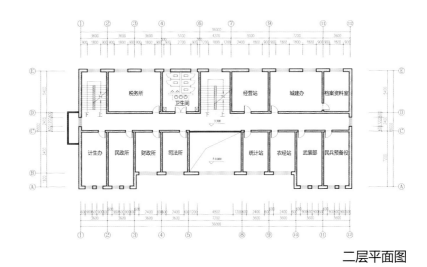

二层平面图

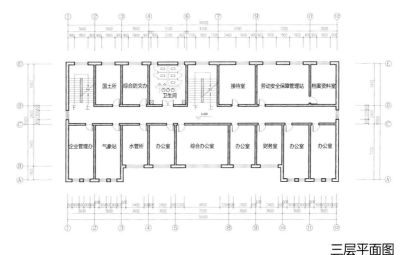

三层平面图

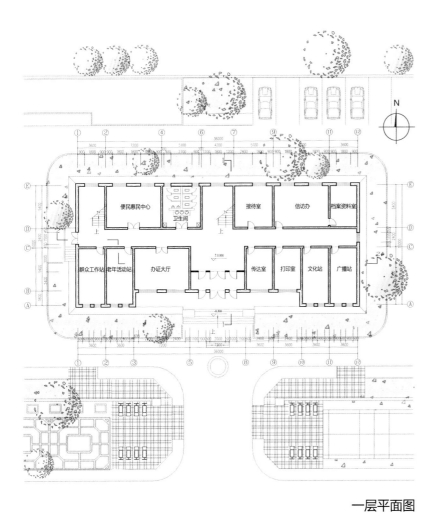

一层平面图

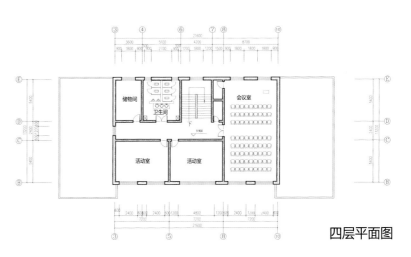

四层平面图

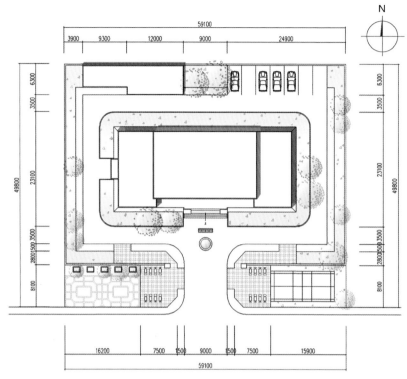

院落平面图

乡镇政府综合办公楼总用地面积为2 100 m²，既是乡镇政府主要的办公机构，同时也是当地居民活动的主要场所。在乡镇政府办公楼前设置居民的活动场地，包含活动广场及运动场地，内部绿化条件良好，同时设有树池座椅、运动设施、报刊服务、地灯、垃圾箱等，为居民提供良好的公共活动环境，无论是从硬件方面还是软件方面均体现了政府与群众共享信息，共享文明，开放办公的理念。

建筑剖面图

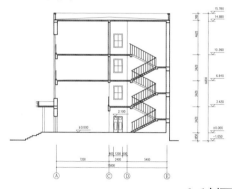

1-1剖面图

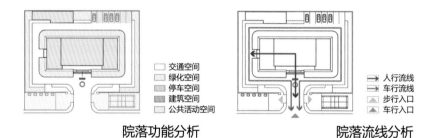

□ 交通空间	
□ 绿化空间	⇒ 人行流线
■ 停车空间	⇒ 车行流线
■ 建筑空间	▲ 步行入口
□ 公共活动空间	▲ 车行入口

院落功能分析　　　院落流线分析

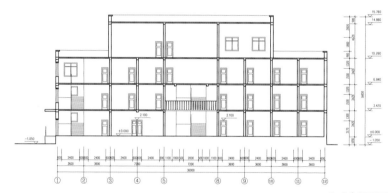

2-2剖面图

南立面图

北立面图

3.2.3 乡镇中学教学楼

■ 设计说明

根据学校教学规模和学生人数，乡镇中学总用地面积约13 800 m²，包括教学楼建筑、宿舍建筑和其他建筑，教学楼平面呈矩形，为3层建筑，建筑层高为3.6 m，每层建筑面积约为730 m²。教学楼以赭石色为外墙基色，局部配以白色，造型朴素大方，明快富有生机，展现出强劲的韵律感和层级变换关系。

教学楼屋顶以轻巧的平顶处理为主，建筑整体对称布局，端庄稳重，东西两侧局部抬高，强调单元体块的节奏和整体的韵律感。建筑功能主要由教学及办公组成，平面布局紧凑，使有限的建筑用地得到最大的使用效益。建筑采用单廊式布局，保证教室光线均匀，采光系数高，通风良好。

教学楼建筑按照绿色建筑宗旨进行设计，适应严寒地区气候特点，充分考虑建筑物与周围环境的协调，利用太阳能等可再生能源，最大限度地减少能源消耗以及对环境的污染，符合可持续发展要求。

技术经济指标

总用地面积		13 800 m²
总建筑面积		4 020 m²
其中	教学楼建筑面积	2 200 m²
	宿舍建筑面积	1 780 m²
	其他建筑面积	40 m²
建筑密度		15%
容积率		0.29
绿地率		35%
教学规模		9班
在校人数		400人

建筑设计与分析

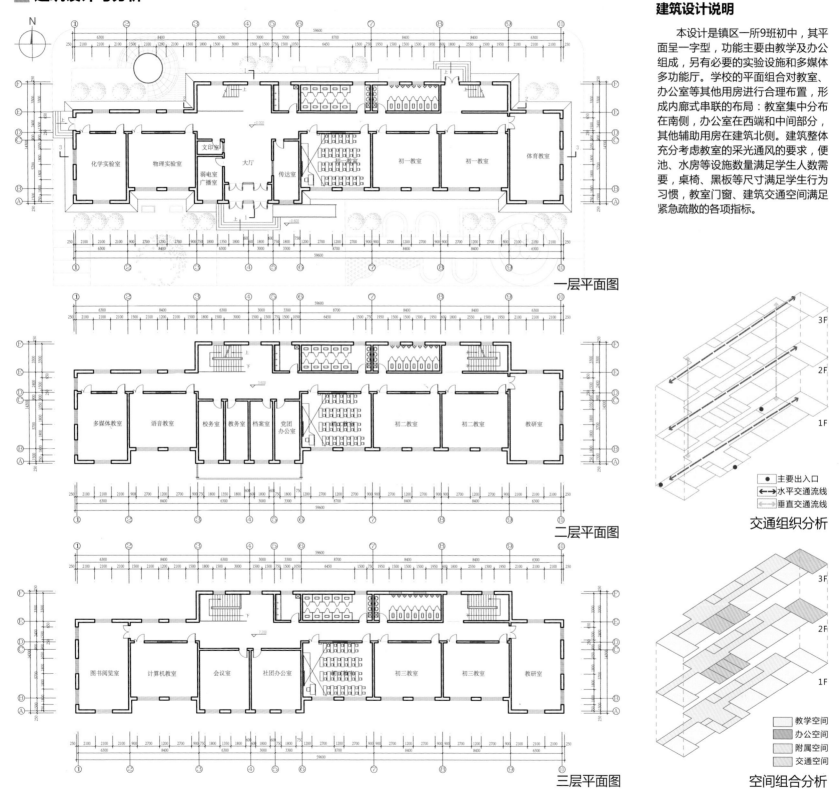

一层平面图

二层平面图

三层平面图

交通组织分析

空间组合分析

建筑设计说明

本设计是镇区一所9班初中，其平面呈一字型，功能主要由教学及办公组成，另有必要的实验设施和多媒体多功能厅。学校的平面组合对教室、办公室等其他用房进行合理布置，形成内廊式串联的布局：教室集中分布在南侧，办公室在西端和中间部分，其他辅助用房在建筑北侧。建筑整体充分考虑教室的采光通风的要求，便池、水房等设施数量满足学生人数需要，桌椅、黑板等尺寸满足学生行为习惯，教室门窗、建筑交通空间满足紧急疏散的各项指标。

建筑剖面图

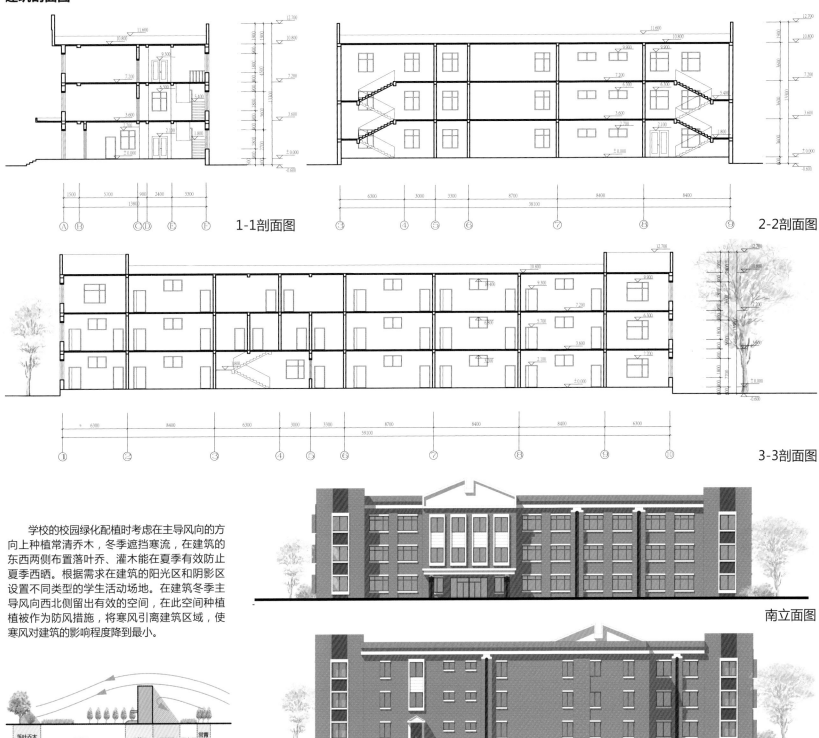

1-1剖面图

2-2剖面图

3-3剖面图

学校的校园绿化配植时考虑在主导风向的方向上种植常清乔木，冬季遮挡寒流，在建筑的东西两侧布置落叶乔、灌木能在夏季有效防止夏季西晒。根据需求在建筑的阳光区和阴影区设置不同类型的学生活动场地。在建筑冬季主导风向西北侧留出有效的空间，在此空间种植植被作为防风措施，将寒风引离建筑区域，使寒风对建筑的影响程度降到最小。

绿化与楼体关系

南立面图

北立面图

3.2.4 公共建筑绿色技术

办公建筑能量系统

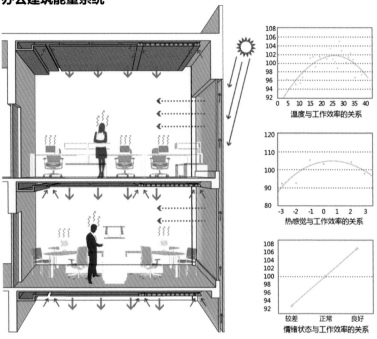

温度与工作效率的关系

热感觉与工作效率的关系

情绪状态与工作效率的关系

水资源利用

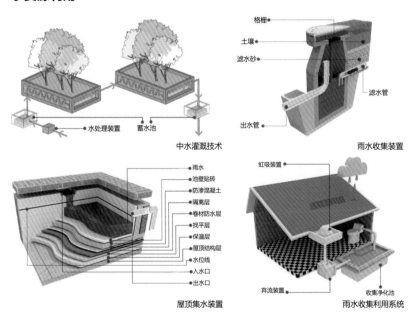

中水灌溉技术

雨水收集装置

屋顶集水装置

雨水收集利用系统

在年降水量充沛或水资源短缺的农村地区，公共建筑可以结合中水处理建设简易的雨水会用系统，该系统可为公共建筑年耗水量减少10%~20%左右的负荷，雨水收集和回用的水资源主要用于景观用水、植物灌溉和冲厕。房屋面积较大的公共建筑可以在屋顶平台置放雨水过滤和沉积池，通过自流的方式取用。

公共建筑节能技术

为了体现对建筑的绿色化处理，在较大体量的建筑中心设计中庭及被动式太阳能通风天井，以加强建筑内部的通风，被动式通风结合自然采光营造了舒适空间，同时也满足了建筑的自然照明要求。

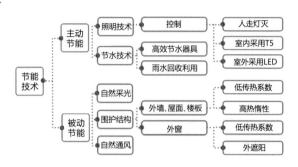

被动式通风

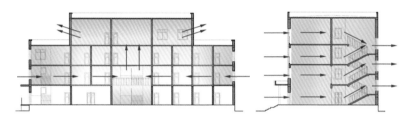

被动式太阳房——蓄热墙体

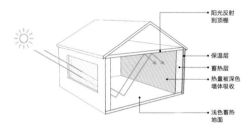

- 阳光反射到顶棚
- 保温层
- 蓄热层
- 热量被深色墙体吸收
- 浅色蓄热地面

在房间的前表面采用较浅颜色蓄热体，在后表面则采用较深颜色蓄热体。位于窗户附近的浅色蓄热体将阳光转化成热量，它还会将相当一部分的阳光反射到建筑物内部。这样部分阳光被房间内部的深色蓄热体吸收并转化为热量。通过把阳光反射到房间内部的深色蓄热体，使房间处于墙体热辐射所围合的空间中。

可变式遮阳板

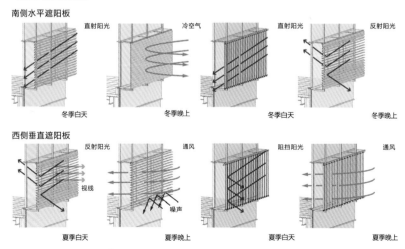

南侧水平遮阳板

西侧垂直遮阳板

[1] 中华人民共和国住房和城乡建设部，中华人民共和国国家质量监督检验检疫总局．GB/T 50378—2014 绿色建筑评价标准 [S]. 北京：中国建筑工业出版社，2014.

[2] 中国城市科学研究会绿色建筑与节能专业委员会．CSUS/GBC 06—2015 中国绿色小城镇评价标准 [S]. 北京：中国建筑工业出版社，2015.

[3] 环境保护部，国家质量监督检验检疫总局．GB 3096—2008 声环境质量标准 [S]. 北京：中国环境科学出版社，2008.

[4] 中华人民共和国住房和城乡建设部，中华人民共和国国家质量监督检验检疫总局. GB 50325—2010 民用建筑工程室内环境污染控制规范 [S]. 北京：中国计划出版社，2013.

[5] 中华人民共和国住房和城乡建设部，中华人民共和国国家质量监督检验检疫总局. GB 50188—2007 镇规划标准[S]. 北京：中国建筑工业出版社，2007.

[6] 中华人民共和国住房和城乡建设部，中华人民共和国国家质量监督检验检疫总局．GB/T 50824—2013 农村居住建筑节能设计标准 [S]. 北京：中国建筑工业出版社，2013.

[7] 中华人民共和国住房和城乡建设部，中华人民共和国国家质量监督检验检疫总局．GB 50368—2005 住宅建筑规范 [S]. 北京：中国建筑工业出版社 2006.

[8] 中华人民共和国住房和城乡建设部，中华人民共和国国家质量监督检验检疫总局．GB 50555—2010 民用建筑节水设计标准 [S]. 北京：光明日报出版社，2010.

[9] 中华人民共和国住房和城乡建设部，中华人民共和国国家质量监督检验检疫总局．GB 50736—2012 民用建筑供暖通风与空气调节设计规范 [S]. 北京：中国建筑工业出版社，2012.

[10] 国家技术监督局，中华人民共和国住房和城乡建设部．GB 50176—1993 民用建筑热工设计规范 [S]. 北京：中国计划出版社，1993.

[11] 中华人民共和国住房和城乡建设部，中华人民共和国国家质量监督检验检疫总局．GB 50033—2013 建筑采光设计标准 [S]. 北京：中国建筑工业出版社，2013.

[12] 中华人民共和国住房和城乡建设部，中华人民共和国国家质量监督检验检疫总局．GB/T 50668—2011 节能建筑评价标准 [S]. 北京：中国建筑工业出版社，2011.

[13] 中华人民共和国住房和城乡建设部，中华人民共和国国家质量监督检验检疫总局．GB 50189—2015 公共建筑节能设计标准 [S]. 北京：中国建筑工业出版社，2015.

[14] 中华人民共和国住房和城乡建设部．JGJ 26—2010 严寒和寒冷地区居住建筑节能设计标准 [S]. 北京：中国建筑工业出版社，2010.

[15] 中华人民共和国住房和城乡建设部科技发展促进中心．JGJ 144—2004 外墙外保温工程技术规程 [S]. 北京：中国建筑工业出版社，2005.

[16] 黑龙江省住房和城乡建设厅．DB 23/1270—2008 黑龙江省居住建筑节能 65% 设计标准 [S]. 哈尔滨：黑龙江省住房和城乡建设厅，2008.

[17] 黑龙江省住房和城乡建设厅．DB 23/1271—2008 黑龙江省公共建筑节能 65% 设计标准 [S]. 哈尔滨：黑龙江省住房和城乡建设厅，2008.

[18] 黑龙江省住房和城乡建设厅．DB 23/1269—2008 公共建筑节能设计标准黑龙江省实施细则 [S]. 哈尔滨：黑龙江省住房和城乡建设厅，2008.

[19] M. Kordjamshidi. Modelling Efficient Building Design: Efficiency for Low Energy or No Energy?[J]. House Rating Schemes，2011：53-115.

[20] Osman A，Ries R. Life-cycle impact analysis of energy systems for buildings[J]. Journal of Infrastructure Systems，Sustainable Development and Infrastructure Systems，2004，10（3）：87-97.

[21] Peter F·Smith. Architecture in a climate of change[M]. Oxford：Butterworth-Heinemann，2001.

[22] Riccardo M P，Eugenio S，Nadia M. Energy and energy based cost-benefit evaluation of building envelopes relative to geographical location and climate[J]. Building and Environment，2009，44：920-928.

[23] Timothy C，Andrew K. Life-cycle cost-benefit analysis of extensive vegetated roof systems[J]. Journal of Environmental Management，2008，（87）：350-363.

[24] Weimin W，Hugues R，Radu Z. Floor shape optimization for green building design[J]. Advanced Engineering Informatics，2006，（20）：363-378.

[25] 马明．新时期内蒙古草原牧民居住空间环境建设模式研究 [D]. 西安：西安建筑科技大学，2013.

[26] 马晨光，赵天宇．前瞻性与实效性：严寒地区村镇绿色建筑体系实施导则编制初探 [J]. 建筑科学，2015，08：7-11.

[27] 王吉．基于全寿命周期理论的严寒地区屋顶构造优化研究 [D]. 哈尔滨：哈尔滨工业大学，2011.

[28] 王丽红．严寒地区的门窗与建筑节能 [J]. 工程建设与设计，2015，01：41-43.

[29] 王丽红．浅谈严寒地区建筑围护部分的节能构造 [J]. 建设科技，2014，19：88-89.

[30] 王欣然，陈剑飞，王飞．非木纤维材料于寒地村镇屋顶的应用 [J]. 低温建筑技术，2014，12：15-17.

[31] 王浩．朝鲜族传统民居生态建筑经验研究 [D]. 哈尔滨：哈尔滨工业大学，2007.

[32] 中国建筑标准设计研究院．中国建筑设计标准图集——不同地域特色村镇住宅通用图集 [M]. 北京：中国计划出版社，2014.

[33] 丹尼尔·D·希拉．太阳能建筑——被动式采暖和降温 [M]. 薛一冰，译．北京：中国建筑工业出版社，2008.

[34] 乌恩琦．蒙古族图案花纹考 [D]. 呼和浩特：内蒙古师范大学，2006.

[35] 左彩香．蒙古族图案在木门装饰中的应用 [D]. 呼和浩特：内蒙古农业大学，2006.

[36] 田慧峰．绿色建筑适宜技术指南 [M]. 北京：中国建筑工业出版社，2014.

[37] 白叶飞，李艳梅，贺玲丽，等．内蒙古地区农村住宅现状与节能措施 [J]. 太阳能，2011，06：52-55.

[38] 冯璐曼，李安桂，赵志安．典型村镇住宅太阳能供热采暖系统设计方法 [J]. 区域供热，2014，01:68-74.

[39] 同济大学建筑与城市规划学院．不同地域特色村镇住宅结构与建筑构造图集 [M]. 北京：中国建筑工业出版社，2012.

[40] 朱俊亮，王宗山，端木琳，等．基于火炕的热水供暖火墙系统供暖效果研

究 [J]. 暖通空调，2012，02：85-91.

[41] 任洪国 . 东北地区村镇住宅火炕技术设计研究 [D]. 哈尔滨：哈尔滨工业大学，2008.

[42] 庄敬 . 喷涂硬泡聚氨酯防水保温材料在墙体工程中的应用技术 [J]. 中国建筑防水，2010，S1：86-91.

[43] 刘凤云，周允基 . 清代满族房屋建筑的取暖及其文化 [J]. 中央民族大学学报，1999，06:68-74.

[44] 刘抚英 . 绿色建筑设计策略 [M]. 北京：中国建筑工业出版社，2012.

[45] 刘敏 . 绿色建筑发展与推广研究 [M]. 北京：经济管理出版社，2012.

[46] 刘殿华 . 村镇建筑设计 [M]. 南京：东南大学出版社，1999.

[47] 闫超 . 延边朝鲜族传统民居特征及发展趋势研究 [D]. 延吉：延边大学，2011.

[48] 汝军红 . 辽东满族民居建筑地域性营造技术调查——兼谈寒冷地区村镇建筑生态化建造关键技术 [J]. 华中建筑，2007，01:73-76.

[49] 孙力杰 . 朝鲜族传统居住区室外空间的研究与探讨 [J]. 中国建材科技，2010，06：101-102.

[50] 孙乐 . 内蒙古地区蒙古族传统民居研究 [D]. 沈阳：沈阳建筑大学，2012.

[51] 孙邦丽 . 小城镇建筑节能设计指南 [M]. 天津：天津大学出版社，2014.

[52] 李天兵，严海琳 . 北方严寒地区典型小户型 [J]. 建设科技，2006，18：26-27.

[53] 李杨 . 基于北方农村住宅模式的生态设计方法研究 [D]. 大连：大连理工大学，2013.

[54] 李宏楠 . 北方集合住宅户型空间设计研究 [D]. 大连：大连理工大学，2006.

[55] 李明 . 北方采暖地区乡镇住宅太阳能设计研究 [D]. 西安：西安建筑科技大学，2009.

[56] 李桂文，徐其态，方修睦 . 严寒地区村镇住宅屋顶双层复合保温模式初探 [J]. 哈尔滨工业大学学报，2010，10：1614-1617.

[57] 李桂文，徐聪智 . 严寒地区村镇住宅窗墙面积比值范围的研究 [J]. 建筑节能，2011，10：52-56+61.

[58] 李晓明，沙丰，唐志勇 . 硬泡聚氨酯板外墙外保温系统应用分析 [J]. 建设科技，2013，19：39-41.

[59] 李铌 . 新农村生态住宅方案集 [M]. 北京：中国建筑工业出版社，2009.

[60] 李效光，马捷 . 草砖的研究与应用综述 [J]. 建材发展导向，2006，03：57-60.

[61] 杨宁 . 城镇住宅设计实用图集 [M]. 北京：中国电力出版社，2007.

[62] 杨真 . 严寒地区农村住宅室内空气状况改善与通风策略研究 [D]. 哈尔滨：哈尔滨工业大学，2010.

[63] 肖忠钰 . 北方寒冷地区村镇住宅节能技术适宜度评价研究 [D]. 天津：天津城市建设学院，2008.

[64] 邱建华，钱中秋 . 聚氨酯复合板薄抹灰系统稳定性研究 [J]. 科学技术与工程，2014，35：289-295.

[65] 何伟洲 . 外墙保温材料挤塑聚苯板的应用 [J]. 住宅科技，2007，04：25-29.

[66] 住房和城乡建设部 . 系统·适宜·平衡——北京既有居住建筑节能改造规划方法与实践 [M]. 北京：建筑工业出版社，2010.

[67] 住房和城乡建设部科技发展促进中心 . 绿色建筑评价技术指南 [M]. 北京：中国建筑工业出版社，2010.

[68] 张利萍 . 外墙外保温装饰一体化系统研究 [J]. 新型建筑材料，2010，03：58-59.

[69] 张凯，张光明 . 新型农村住宅设计与建筑材料 [M]. 北京：中国农业科学技术出版社，2007.

[70] 张晋梁 . 基于有限技术农村 " 自维持住宅 " 建筑设计研究 [D]. 北京：北京交通大学，2014.

[71] 张晋蓉 . 严寒地区居住建筑节能优化设计研究 [D]. 沈阳：沈阳建筑大学，2013.

[72] 张海滨 . 寒冷地区居住建筑体型设计参数与建筑节能的定量关系研究 [D]. 天津：天津大学，2012.

[73] 张斌，姜伟 . 低碳稻草砖房在东北农村中的应用 [J]. 赤峰学院学报（自然科学版），2010，02：174-175.

[74] 张瑞娜 . 基于气候适应的北方农村住宅节能设计与技术方法研究 [D]. 大连：大连理工大学，2012.

[75] 陈易 . 村镇住宅可持续设计技术 [M]. 北京：中国建筑工业出版社，2012.

[76] 陈禹，王飞 . 寒地村镇住宅低成本屋顶绿色节能技术策略研究 [J]. 城市建筑，2014，28：117-119.

[77] 邵旭 . 村镇建筑设计 [M]. 北京：中国建材工业出版社，2008.

[78] 金日学 . 朝鲜族民居空间特性研究 [J]. 吉林建筑工程学院学报，2011，05：53-56.

[79] 金仁鹤，张泰贤 . 关于延边朝鲜族村落的空间结构变化研究 [J]. 中国园林，2004，01：66-69.

[80] 金虹，王秀萍，赵巍 . 东北地区乡土住宅发展演变探析 [J]. 低温建筑技术，2011，12：16-18.

[81] 金虹，陈凯，邵腾，等 . 应对极寒气候的低能耗高舒适村镇住宅设计研究——以扎兰屯卧牛河镇移民新村设计为例 [J]. 建筑学报，2015，02：74-77.

[82] 金虹，赵华，王秀萍 . 严寒地区村镇住宅冬季室内热舒适环境研究 [J]. 哈尔滨工业大学学报，2006，12：2108-2111.

[83] 金虹，赵巍 . " 十一五 " 国家科技支撑计划项目研究课题东北农村住宅现状及节能途径 [J]. 建设科技，2011，03：63-65.

[84] 金虹，凌薇 . 低能耗低技术低成本——寒地村镇节能住宅设计研究 [J]. 建筑学报，2010，08：14-16.

[85] 金虹 . 东北地区新农村住宅设计策略 [J]. 建设科技，2007，09：60-61.

[86] 金虹 . 关于严寒地区绿色建筑设计的思考 [J]. 南方建筑，2010，05：45-47.

[87] 金俊峰，中国朝鲜族民居 [M]. 北京：民族出版社，2007.

[88] 周立军，陈伯超，张成龙，等 . 东北民居 [M]. 北京：中国建筑工业出版社，2009.

[89] 周佩杰 . 寒冷和严寒地区建筑门窗节能设计和解决方案 [J]. 门窗，2010，12：30-38.

[90] 周春艳，金虹 . 北方村镇住宅围护结构节能构造优选研究 [J]. 建筑科学，2011，08：12-16.

[91] 周春艳 . 东北地区农村住宅围护结构节能技术适宜性评价研究 [D]. 哈尔滨：哈尔滨工业大学，2011.

[92] 赵华，金虹 . 采暖建筑节能复合围护结构与保温材料经济性的研究 [J]. 哈尔滨建筑大学学报，2001，02：83-86.

[93] 胡英，尹培元 . 内蒙古农村住宅节能设计探索——以 2009 威海国际建筑大赛获奖方案为例 [J]. 建筑学报，2010，S2：99-101.

[94] 侯霞 . 蒙古族盘长图案源考及其演进规律解析 [J]. 现代装饰（理论），2012，03：165-167.

[95] 俞滨洋，王宏新，高恩世 . 哈尔滨市社会主义新农村住宅规划建筑设计图

集 [M]. 哈尔滨：黑龙江科学技术出版社，2007.

[96] 骆中钊，胡燕，宋效巍，等 . 小城镇住宅建筑设计 [M]. 北京：化学工业出版社，2011.

[97] 骆中钊 . 小城镇住区规划与住宅设计 [M]. 北京：机械工业出版社，2010.

[98] 骆中钊 . 并联式庭院住宅图集 [M]. 福州：福建科学技术出版社，2012.

[99] 骆中钊 . 联排式庭院住宅图集 [M]. 福州：福建科学技术出版社，2012.

[100] 袁青，王翼飞 . 基于价值提升的严寒地区村镇庭院优化策略 [J]. 城市规划学刊，2015，01：68-74.

[101] 夏雷，程文 . 严寒地区农村住宅平面优化策略 [J]. 建筑科学，2015，08：20-27.

[102] 顾天舒，谢连玉，陈革 . 建筑节能与墙体保温 [J]. 工程力学，2006，S2：167-184.

[103] 顾永兴 . 绿色建筑智能化技术指南 [M]. 北京：中国建筑工业出版社，2001.

[104] 凌薇，金虹 . 寒区新农村住宅院落与户型设计研究 [J]. 低温建筑技术，2011，12：21-23.

[105] 凌薇 . 基于全生命周期生态足迹的严寒地区农村住宅外墙构造研究 [D]. 哈尔滨：哈尔滨工业大学，2012.

[106] 郭晓飞，郭春雷 . 严寒及寒冷地区聚氨酯喷涂保温系统应用 [J]. 建设科技，2007，Z1：48-49.

[107] 黄振利，宋长友，胡永腾，等 . ZL 胶粉聚苯颗粒贴砌聚苯板外墙外保温系统综合性能研究与分析 [J]. 辽宁建材，2011，02：23-36.

[108] 黄新 . PUR 保温装饰一体化复合板在外墙外保温的应用与施工 [J]. 陕西建筑，2014，05：25-28.

[109] 盖尔威 . 太阳能建筑设计手册 [M]. 林涛，赵秀玲，译 . 北京：机械工业出版社，2007.

[110] 韩沫 . 北方满族民居历史环境景观分析与保护 [D]. 长春：东北师范大学，2014.

[111] 程文，王涛 . 严寒地区村庄宅基地的空间特征及节地紧缩策略 [J]. 建筑科学，2015，08：12-19.

[112] 程先胜，薛一心，范怀瑾 . 严寒地区塑料门窗应用技术探讨 [J]. 门窗，2009，05：17-21.

[113] 鲁慧敏 . 寒冷地区居住建筑节能设计研究 [D]. 上海：同济大学，2007.

[114] 谢建伟 . 公共建筑装饰经典方案集 [M]. 北京：中国建筑工业出版社，2001.

[115] 鲍国芳 . 新型墙体与节能保温材料 [M]. 北京：机械工业出版社，2009.

[116] 管振忠，薛一冰，张蓓 . 传统火炕的太阳能改造——太阳炕系统 [J]. 阳光能源，2008，06:20-21.

[117] 熊敏 . 试析严寒地区门窗的保温处理和防水处理措施 [J]. 门窗，2013，03:113.

[118] 颜丰 . 寒冷地区多层住宅太阳能技术与建筑的一体化设计探索 [D]. 大连：大连理工大学，2008.

[119] 穆均 . 新型夯土绿色民居建造技术指导图册 [M]. 北京：中国建筑工业出版社，2014.

POSTSCRIPT

　　本书在对严寒地区广大村镇进行深入调研、对绿色建筑技术进行广泛研究的基础上，对严寒地区村镇建筑的绿色化设计进行了系统思考与探讨，对适宜严寒地区应用的绿色化建筑技术进行了探寻。从经济、技术和实用性等多个角度入手，对绿色建筑技术进行研究分析，提出了适宜严寒地区应用的绿色建筑技术，并结合严寒地区的气候特征、经济与技术条件，综合考虑村镇居民的生产生活习惯，提供了普通地区居住建筑、少数民族地区居住建筑以及公共建筑等绿色建筑的设计范例。

　　《严寒地区村镇绿色建筑图集》作为"十二五"农村领域国家科技计划课题"严寒地区绿色村镇体系及其关键技术"（2013BAJ12B01）的成果之一，在编制过程中受到项目组织单位的领导、专家、多家规划设计机构及调研单位的大力支持和帮助。在此，感谢国家科学技术部、严寒地区各省科学技术厅、哈尔滨工业大学等项目组织单位的领导和专家，以及在课题及图集成果形成过程中予以评议、评审的各位专家，感谢他们在课题调研初期、课题中期汇报和深化过程中给予的建设性意见，为课题及图集工作的顺利进行提供了极大帮助。课题研究过程中，得到了实地调研乡镇的政府以及各相关单位的大力支持和热情帮助，在此一并致谢。特别感谢所有为课题研究及图集编制付出了大量艰辛工作的课题组全体成员。

　　我国严寒地区地域辽阔，自然、经济、文化条件迥异，尽管课题组成员尽了很大努力，但因认识水平的限制，有关研究内容还会有不成熟之处，有的结论还需在未来的实践中进一步检验，尚希读者批评指正。